高校の物理基礎が1冊でしっかりわかる本

スタディサプリ講師
中野喜允

かんき出版

はじめに

　こんにちは。予備校で物理を教えている中野喜允です。

　ふだん担当している授業では，難関大学をめざす受験生から，高校1，2年生の，初めて物理を学ぶ方まで，幅広く受け持っています。生徒たちの中には，物理が得意な子もいれば，苦手な子，初めて学ぶ子もいます。

　この本では，高校の物理基礎の内容について，ゼロからていねいに，そして一通りのことを説明しています。物理について，苦手意識のある人，何も知らない人が読んでも，「とりあえず一通りの話はわかった！」と思えるように書いたつもりです。

　ところで，物理とはどんな科目でしょうか。物理は，この世界で起こる現象を的確にとらえて，法則を見いだし，**ある条件のもとで，この先どんなことが起きるか**，を考える科目です。例えば，「ある物体にばねをつけ，摩擦のある面に置いたらどうなるか。」「電池と電球とこれとあれと…をつないでスイッチを入れたら，電流がどう流れるか。」といった具合です。

　ひいては，この世界そのものがどういったものなのかを考える学問でもあります。最新の物理学では，われわれの住むこの空間自体が，その次元も含めてどうなっているのかといったことまで研究の対象としています。さすがに，高校の物理ではそこまでのことは扱えませんが，**目の前で起きる現象を的確にとらえて未来予測や状況判断をする**のが物理の主題です。

　物理で問題を考えるときには，法則より導いた数式や計算なども用います。しかし，決して，公式みたいなものを覚えてただ計算を進める科目ではありません。くわしくは第1部第2章で述べますが，何が原因で，どういった現象が起こるのか，**原因⇒結果のルール**を考える科目です。やみくもに計算に走るのではなく，**問題で提示された状況を踏まえて，今の状況はどういった物理法則で説明できるのか，そしてこの先何が起きそうか**，ということを考えられるようにするのが，物理の学習の一つの目標です。

　その理解のために，この本では「この世界にはこんな現象がある」，「ある状況のイメージ」，「ここで学ぶ法則を使って，例として身近にあるこんな現象が説明できる」といった話題をなるべく入れ，読者であるみなさんができるだけつまづかずに物理の学習が進められるように心掛けました。また，ベクトルや三角比など，物理の学習で使う数学的なものについても，必要最低限のことはちゃんとまとめて説明してありますのでご安心ください。

　この本の構成ですが，各節は解説部分と問題部分がワンセットで見開き2ページとなっています（一部，4ページとなっている節もあります）。解説部分ではまず，そこで学ぶ内容のお話，

最も大事な**用語や概念の定義**，それにまつわる**式**，**物理法則**などを提示し説明しています。特に**網掛け**のところに書いてある式は，絶対に覚えて，問題を解く際に使っていけるようにしましょう。

　次に，各節の問題は，そこで学んだことを実際に用いて解くものになっています。簡単な問題を通して，物理法則と式の意味や使い方をじっくりと理解してください。

　また，巻末には，各章の理解を深めるための**練習問題**と，**解答解説**があります。できれば実際に手にペンを持ち，紙に書きながら考えてみてください。ここにのっている問題が，**自力**できちんと解けるようになったなら，この本で学ぶ内容のいちばん大事な部分は頭に入ったと思ってよいでしょう。

　最後になりましたが，この本を企画・編集し，執筆が過度に遅い私を励ましながら，辛抱強く原稿を待って下さった，かんき出版の荒上和人さん，赤を過度に入れた原稿の校正を快く進めて下さった北林潤也さん，感謝申し上げます。

　またふだん，的確なアドバイスを下さり助けて下さる諸先輩方，真面目な話だけでなく，くだらない話もしながらいっしょに盛り上がる講師仲間の皆様や友人たち，そして家族には感謝してもしきれません。

　なにより，授業を受け，様々な表情や，良くも悪くもいろいろな質問を投げかけてくれた生徒たち。あなたたちがいなければ，この本はでき上がっていないでしょう。謹んで御礼申し上げます。

躓く石も縁の端くれ　　点と点が繋がって縁となる

すべての出会いに　感謝！

2023年　初夏
本書が多くの学習者の役に立ってくれることと
皆々様の明るい未来を願いつつ

中野　喜允

本書の５つの強み

その1 テーマのポイントが瞬間的につかめる！

学習項目であるテーマの冒頭にある ポイント!! を読めば、学習内容をつかみやすくなります。この ポイント!! は、このテーマで学ぶことの「軸」になります。学習する前に読んで理解します。そして、一通り学習したあとに、もう1回 ポイント!! に戻って確認してください。しっかり頭に入っていればOKです！

その2 適度に「まとめ」が入っているから頭の中を整理しながら進められる！

解説の途中に、「まとめ」が入っています。大事なポイントが出てきたら、すぐにまとめ！もう少し進んで、また大事なポイントが出てきたら、すぐまとめ！　こんなふうに進んでいくので、頭の中で整理しながら学習を進めることができます。

その3 解説は、最大限シンプルにしました！

物理基礎の本当に大事なところだけに絞った解説を載せました。答えにたどり着くための最短ルートは、解説を読めばわかります！　また、テーマの終わりには、学習内容をチェックできる問題があります。解説を読んで問題を解くというシンプルなサイクルで、大事なポイントがしっかり身につきます。

また、巻末には、部ごと、もしくは、章ごとに解法が身についているかを確認できる「練習問題」がついています。学習の総仕上げに活用しましょう。

その4 「三角比」と「ベクトル」が復習できる！

物理基礎の学習に必須！「三角比」と「ベクトル」が本書で復習できます。すでに身についている人は読む必要はありませんが、「ちょっと自信ない…」という人は、第6部へGO！

その5 意味つき索引が暗記に役立つ！

巻末の意味つき索引は、ただの索引ではありません。物理基礎の用語の解説つき！　つまり、用語集としても使うことができます。物理の用語は他科目と比べると多くはありませんが、知っていると学習効率が確実にUPします！

カバーデザイン ● Isshiki
本文デザイン ● 二ノ宮匡(ニクスインク)
DTP ● ムサシプロセス
本文イラスト ● 熊アート
編集協力 ● オルタナプロ

本書の使い方

各テーマの学習内容です。テーマの冒頭には、学習内容を端的に示した「 ポイント!! 」があります。このテーマでおさえたい学習内容を瞬間的につかむことができます。

また、一通りテーマの最後まで学習したら、もう一度、この ポイント!! を確認しましょう。ポイント!! の内容をだれかに説明できるぐらい理解できていれば、学習内容が身についている証拠です！

4 v-t グラフ

ポイント!!
v-t グラフの傾きは加速度，面積は変位の大きさ！

x-t グラフ

物体の運動を考える際，横軸に時刻 t，縦軸に位置 x をとってグラフを描くことがあります。これを x-t グラフといいます。

簡単な例として，等速度運動の場合，グラフは右のようになります。

ここで，速度の定義は $v=\dfrac{\Delta x}{\Delta t}$ であったことを思い出すと，このグラフの傾きは速度を表すということがわかります。

v-t グラフ

物体の運動を考える場合，実は上に述べた x-t グラフよりも，次に説明する v-t グラフの方がよく使われます。

v-t グラフとは，縦軸に物体の速度 v，横軸に時刻 t をとったものです。等速度運動の場合，右のようになります。速度が一定なので，横軸に平行なグラフとなっています。

さすがにこれはシンプル過ぎるので，次のようなもう少し複雑な例も見ておきましょう。

※1 ※ 運動とエネルギー｜第１章 速度・加速度・変位

ここで，加速度の定義 $a=\dfrac{\Delta v}{\Delta t}$ を思い出すと，この v-t グラフの傾きは，まさに加速度の定義と等しいことがわかりますね！　よって，

v-t グラフの傾き　➡　加速度を表す！

また，

v-t グラフの面積　➡　変位の大きさを表す！

🔍 問題

x 軸上を運動している物体について考える。この物体の v-t グラフは図のように，原点を通る傾き a の直線となっていた。この物体の運動の x-t グラフを描け。ただし，この物体は時刻 $t=0$ において位置 $x=0$ にあったとする。

📖 解説

物体の位置 $x=0$ からの変位は下の左図のグラフの青い部分の三角形の面積で表されるので，$x=\dfrac{1}{2}\times t\times at=\dfrac{1}{2}at^2$

位置 x は時間 t の２次関数で表されるとわかる。よって，求めるグラフは下の右図のようになる。

17

途中、途中に「まとめ」が入っています。解説の内容を適宜まとめて読むことできるので、頭の中を整理しながら学習を進めることができます。

「問題」で、テーマの学習内容が身についているかを確認しましょう。サクッと解ければ問題なし！　少し考えてしまった人は、もう一度解説を読み直してみましょう。

2

図のように、質量 m の物体 A をあらい水平な机の上に置き、軽い糸でなめらかに回転できる滑車を通して、質量 M の物体 B をつり下げる。床から物体 B の下面までの高さを h とするとき、以下の問いに答えよ。ただし、糸は伸び縮みせず、質量は無視できるものとする。なお、重力加速度の大きさを g とする。

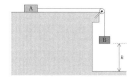

(1) M を増やしていくと、$M=\dfrac{3}{4}m$ のとき、A と B は動き出した。机の面と物体 A との間の静止摩擦係数 μ_0 を求めよ。

以下、$M=2\,m$、机の面と物体 A との動摩擦係数を $\mu=\dfrac{1}{3}$ とする。

(2) A と B が運動しているとき、A に作用する動摩擦力の大きさを求めよ。

(3) (2) のとき、B が降下するときの加速度の大きさ a と糸の引く力の大きさ T を求めよ。

(4) (2) の運動において、A の初速度を 0 とするとき、B が床に達する直前の速さ v_B を求めよ。

2013 年 鳥取大学 (改)

150

練習問題 **2**

解説

(1) A にはたらく静止摩擦力を R、張力を T、垂直抗力を N とすると、力のつりあいより、

A　水平方向：$R=T$　…①
　　鉛直方向：$N=mg$　…②

B：$T=Mg$　…③

①と③より、静止しているときの摩擦力の大きさは $R=Mg$　…④

である。$M=\dfrac{3}{4}m$ のときに A はすべり出すので、この瞬間 $R=\mu_0 N$ が成立。

この条件式に②と④を代入して、

$$\frac{3}{4}mg=\mu_0 mg \quad \text{よって、} \quad \mu_0=\frac{3}{4}$$

(2) $R'=\mu N=\dfrac{1}{3}mg$

(3) 運動方程式は、

A：$ma=T-\dfrac{1}{3}mg$　…⑤

B：$2ma=2mg-T$　…⑥

⑤＋⑥より、

$$(m+2m)a=2mg-\frac{1}{3}mg \quad \text{よって、} \quad a=\frac{5}{9}g$$

これを⑤へ代入して、

$$m\times\frac{5}{9}g=T-\frac{1}{3}mg \quad \text{よって、} \quad T=\frac{5}{9}mg+\frac{1}{3}mg=\frac{8}{9}mg$$

(4) $v^2-v_0^2=2ax$ より、

$$v_B^2-0^2=2\left(\frac{5}{9}g\right)h \quad \text{よって、} \quad v_B=\sqrt{\frac{10}{9}gh}=\frac{\sqrt{10gh}}{3}$$

151

意味つき索引

1 速　　さ

ポイント!!

速さの定義：$v = \dfrac{x}{t}$

速さの定義

単位時間（ふつうは 1 s）あたりの移動距離を，その物体の速さといいます。時間 $t\,[\mathrm{s}]$ で距離 $x\,[\mathrm{m}]$ 進むときの速さ $v\,[\mathrm{m/s}]$ は，

$$v = \frac{x}{t}\,[単位：\mathrm{m/s}]$$

$$(v：速さ\,[\mathrm{m/s}] \quad x：移動距離\,[\mathrm{m}] \quad t：かかった時間\,[\mathrm{s}])$$

となります。

注意!

速さには 2 種類のものがあります。「単純に，移動距離をかかった時間で割ったもの」を平均の速さといいます。ただ，自動車にしても電車にしても，ふつうは動き出してから止まるまでずっと一定の速さで動くことはなく，速さが変わります。この，「各時刻における速さ」を瞬間の速さといいます。

瞬間の速さ：ある時刻における速さ。

平均の速さ：移動距離を経過時間で割り算して得られる速さ。

等速直線運動と移動距離

一定の速さ $v\,[\mathrm{m/s}]$ で時間 $t\,[\mathrm{s}]$ だけ運動したときの移動距離 $x\,[\mathrm{m}]$ は

$$x = vt \ [\text{単位：m}]$$

$$(x：移動距離\,[\mathrm{m}] \quad v：速さ\,[\mathrm{m/s}] \quad t：かかった時間\,[\mathrm{s}])$$

となります。これは前ページの速さの式の分母をはらっただけです。

👆 問題

（1）300 m を 15 s 間で進むとき，平均の速さはいくらか。

（2）1 m/s は何 km/h か。

（3）10 m/s の一定の速さで 70 分移動すると，移動距離は何 km か。

（4）ある物体が一定の速さで x 軸上を運動している。その物体の位置 $x\,[\mathrm{m}]$ と時刻 $t\,[\mathrm{s}]$ の関係を表したものが右図のようになった。この物体の速さは何 m/s か。

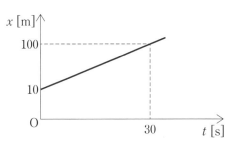

📖 解説

ポイント

速さの定義は $v = \dfrac{x}{t}$

（1）$v = \dfrac{x}{t} = \dfrac{300}{15} = \underline{20\ \mathrm{m/s}}$

（2）1 時間は 3600 s なので，1 m/s の速さで 1 時間に進む距離を考えると，

$$1\ \mathrm{m/s} = 1 \times 3600 = 3600\ \mathrm{m/h} = \underline{3.6\ \mathrm{km/h}} \quad (3600\ \mathrm{m} = 3.6\ \mathrm{km})$$

（3）$x = vt = 10 \times \underbrace{(70 \times 60)}_{70\,分を秒になおす} = 42000\ \mathrm{m} = \underline{42\ \mathrm{km}}$

（4）速さの定義 $v = \dfrac{x}{t}$ から，**グラフの傾きの大きさが速さ**を表します！　よって，

$$v = \frac{100 - 10}{30 - 0} = \underline{3.0\ \mathrm{m/s}}$$

2 速　度

速度は，速さ＋向き

変　位

　物体がどの向きにどれだけ移動したか，つまり，「移動距離」と「移動の向き」をセットにしてあわせもつ量を変位といいます。向きをもつのでこれはベクトル量です。

　向きを含めているので，下の図の移動 A，B，C の変位はすべて異なると考えます。移動距離（変位の大きさ）が等しくても，向きが異なるものは違う変位として区別するわけです。

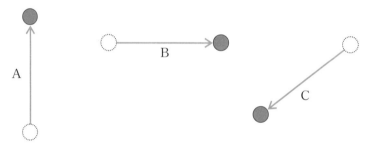

速　度

　速度とは，「速さ」と「移動の向き」をセットにしてあわせもつ量のことです。もう少しきちんというと，単位時間あたりの変位を，その物体の速度といいます。

$$v = \frac{\Delta x}{\Delta t} \text{ [単位：m/s]}$$

$$(v：速度 \text{ [m/s]} \quad \Delta x：変位 \text{ [m]} \quad \Delta t：かかった時間 \text{ [s]})$$

注意!

速度にも，平均と瞬間の概念があります。

> 瞬間の速度：ある時刻における速度。
>
> 平均の速度：変位を経過時間で割り算して得られる速度。

等速度運動

一定の速度 $v\,[\mathrm{m/s}]$ で時間 $t\,[\mathrm{s}]$ だけ運動したときの変位 $x\,[\mathrm{m}]$ は,

$$x = vt \ [単位：\mathrm{m}]$$

$$(x：変位\,[\mathrm{m}] \quad v：速度\,[\mathrm{m/s}] \quad t：かかった時間\,[\mathrm{s}])$$

となります。ここで,x と v はベクトル量であり,向きも含まれていることに注意しましょう。

　以上,単純に式として表す分には,速さでも速度でも同じような式になりますが,向きを含むのか否かの差は重要なので,注意しましょう。

🖐 問題

（1）右向きを正方向として,速さ $10\,\mathrm{m/s}$ で右向きに走る物体の速度はいくらか。

（2）右向きを正方向として,速さ $10\,\mathrm{m/s}$ で左向きに走る物体の速度はいくらか。

（3）小球が点 O を出発して,右向きに $40\,\mathrm{m}$ 進んだ後,$25\,\mathrm{m}$ だけ左へ移動した。このとき,右向きを正方向として,小球の点 O からの変位と道のりをそれぞれ求めよ。ただし,小球は一直線上を運動するものとする。

📖 解説

ポイント

正方向の定義に注意する！

（1）正方向へ走るので,速度は正で,
　　　　<u>$10\,\mathrm{m/s}$</u>

（2）負方向へ走るので,速度は負で,
　　　　<u>$-10\,\mathrm{m/s}$</u>

（3）変位は向きも含む。$x = 40 + (-25) = \underline{15\,\mathrm{m}}$
　　道のりは,移動した距離をそのまま足せばよいので,
　　　　$40 + 25 = \underline{65\,\mathrm{m}}$

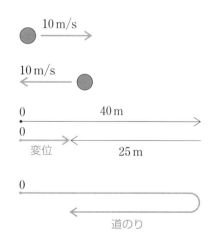

3 加速度

加速度は向きも含めた速度の変化率!

加速度とは

「単位時間あたりの速度の変化」を加速度といいます。

式で表せば,

$$a = \frac{\Delta v}{\Delta t} \,[\text{単位} : \text{m/s}^2]$$

$$(a : \text{加速度}\,[\text{m/s}^2] \quad \Delta v : \text{速度の変化}\,[\text{m/s}] \quad \Delta t : \text{かかった時間}\,[\text{s}])$$

となります。物体の速さが増えるときを加速,速さが減るときを減速といいますが,どちらの場合も速度の変化率のことを加速度といいます。ただし,加速度は向きを含んだ概念であることに注意しましょう。

速度の正方向を定め,物体の速度が,

増加するとき,加速度は正

減少するとき,加速度は負

とします。なお,加速度には「速さ」に対応する言葉はなく,大きさをさすときは,そのまま「加速度の大きさ」といいます。

また,速度と同様に,瞬間の加速度と平均の加速度という概念があります。

瞬間の加速度:ある時刻における加速度。

平均の加速度:速度の変化を経過時間で割り算して得られる加速度。

速さが変わらず,運動の「向き」だけが変わる場合も,速度は変化しており,このような運動を加速度運動といいます。

> **参考** 変化量を表すとき
>
> 　物理では変化量を表すのに Δ （デルタ）という記号を用います。例えば，ある量 x の変化量であれば Δx，それにかかった時間（時刻 t の変化量）であれば Δt などと書きます。また，ある時間 Δt の間の，物理量 x の変化率であれば $\dfrac{\Delta x}{\Delta t}$ と書けます。

✋ 問題

（1）直線上を速さ $20\ \mathrm{m/s}$ で進んでいた自動車がブレーキをかけたところ，一定の加速度で減速して $4.0\ \mathrm{s}$ 後に止まった。加速度の大きさはいくらか。

（2）直線上を右向きの速度 $16\ \mathrm{m/s}$ で進んでいた物体が，$0.40\ \mathrm{m/s^2}$ の一定の加速度で $5.0\ \mathrm{s}$ 間運動すると，速さはいくらになるか。

（3）x 軸上を初速度 $16\ \mathrm{m/s}$ で進み始めた物体が，$-2.0\ \mathrm{m/s^2}$ の一定の加速度で $10\ \mathrm{s}$ 間運動したときの速度を求めよ。

📖 解説

ポイント

加速度×時間　が速度の変化を表す。

（1）初速度の向きを正方向とする。止まるときは速度が 0 となるので，

$$0 = \underbrace{20}_{初速度} + \underbrace{a \times 4.0}_{速度の変化}$$

よって，

$$a = -\frac{20}{4.0} = -5.0\ \mathrm{m/s^2}$$

減速なので加速度はマイナスになりました。

求めるものは加速度の大きさなので，$5.0\ \mathrm{m/s^2}$

（2）右向きを正方向とすると，$v = \underbrace{16}_{初速度} + \underbrace{0.40 \times 5.0}_{速度の変化} = 18\ \mathrm{m/s}$

右向きに $18\ \mathrm{m/s}$

（3）$v = \underbrace{16}_{初速度} + \underbrace{(-2.0) \times 10}_{速度の変化} = -4.0\ \mathrm{m/s}$

x 軸の負の向きに $4.0\ \mathrm{m/s}$

4 v-t グラフ

v-t グラフの傾きは加速度，面積は変位の大きさ！

x-t グラフ

　物体の運動を考える際，横軸に時刻 t，縦軸に位置 x をとってグラフを描くことがあります。これを x-t グラフといいます。

　簡単な例として，等速度運動の場合，グラフは右のようになります。

　ここで，速度の定義は $v = \dfrac{\Delta x}{\Delta t}$ であったこ

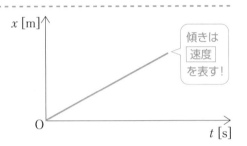

とを思い出すと，このグラフの傾きは速度を表すということがわかります。

v-t グラフ

　物体の運動を考える場合，実は上に述べた x-t グラフよりも，次に説明する v-t グラフの方がよく使われます。

　v-t グラフとは，縦軸に物体の速度 v，横軸に時刻 t をとったものです。等速度運動の場合，右のようになります。速度が一定なので，横軸に平行なグラフとなっています。

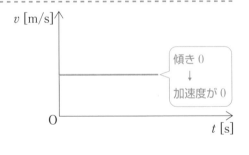

　さすがにこれはシンプル過ぎるので，次のようなもう少し複雑な例も見ておきましょう。

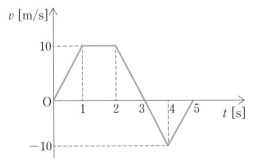

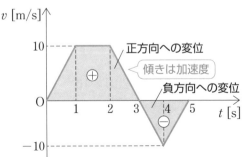

ここで，加速度の定義 $a = \dfrac{\Delta v}{\Delta t}$ を思い出すと，この v-t グラフの傾きは，まさに加速度の定義と等しいことがわかりますね！ よって，

> v-t グラフの傾き ➡ 加速度を表す！

また，

> v-t グラフの面積 ➡ 変位の大きさを表す！

🖐 問題

x 軸上を運動している物体について考える。この物体の v-t グラフは図のように，原点を通る傾き a の直線となっていた。この物体の運動の x-t グラフを描け。ただし，この物体は時刻 $t = 0$ において位置 $x = 0$ にあったとする。

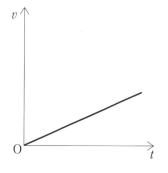

📖 解説

物体の位置 $x = 0$ からの変位は下の左図のグラフの青い部分の三角形の面積で表されるので，$x = \dfrac{1}{2} \times \underbrace{t}_{横} \times \underbrace{at}_{縦} = \dfrac{1}{2}at^2$

位置 x は時間 t の 2 次関数で表されるとわかる。よって，求めるグラフは下の右図のようになる。

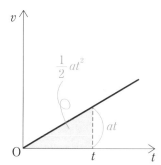

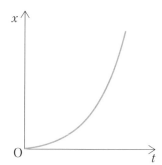

5 等加速度運動の公式

$$v = v_0 + at \quad x = v_0 t + \frac{1}{2}at^2 \quad v^2 - v_0^2 = 2ax$$

等加速度直線運動の公式

　物体が一定の加速度で運動しているとき，この運動を等加速度運動といいます。特に，直線上を運動している場合，等加速度直線運動といいます。このとき，速度や変位の計算をするときには次の3つの公式が成り立ちます。使い方については，例題を参照してください。

①**速度について**

$$v = v_0 + at$$

②**変位について**

$$x = v_0 t + \frac{1}{2}at^2$$

③**便利な式**

$$v^2 - v_0^2 = 2ax$$

$(v：速度 \quad v_0：初速度 \quad x：変位 \quad a：加速度 \quad t：時間または時刻)$

公式の証明

ここでは前ページの3つの公式の証明を述べますが，証明はその使い方がわかってからでも十分です。まずは例題を通して意味や使い方を身につけ，その後で戻って確認してくれればよいです。

①について

加速度の定義から，

$$a = \underbrace{\frac{\Delta v}{\Delta t}}_{\text{加速度の定義}} = \frac{v - v_0}{t - 0} = \frac{v - v_0}{t}$$

分母をはらって，$at = v - v_0$

よって，$v = v_0 + at$

②について

速度が変化していくときの変位を考えたいときは，数式だけでの説明は難しいので，$v\text{-}t$ グラフの面積を考えましょう。

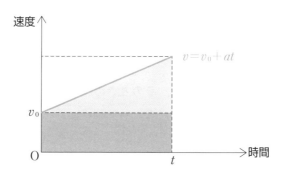

グラフは上のような直線になります（これは，公式①をグラフにしただけです！）。図のグラフと横軸とではさまれる台形の面積が変位 x となります。この台形を，灰色の長方形の部分と青色の三角形の部分の2つに分けて考えると，

$$x = \underbrace{v_0 t}_{\text{長方形部分}} + \underbrace{\frac{1}{2} \times t \times at}_{\text{三角形部分}} = v_0 t + \frac{1}{2}at^2$$

公式①を変形して，$t=\dfrac{v-v_0}{a}$

これを公式②に代入して整理すると，$v^2-v_0{}^2=2ax$ となります。

📝 問題

x 軸上を等加速度直線運動する物体について考える。この物体は時刻 $t=0\,\mathrm{s}$ において位置 $x=0\,\mathrm{m}$ を速度 $4.0\,\mathrm{m/s}$ で通過したとする。x 軸の正方向を速度・加速度の正方向とする。

A
（1）$t=2.0$ で物体の速度が $10\,\mathrm{m/s}$ となった。加速度を求めよ。

（2）$t=2.0$ での物体の位置を求めよ。

（3）速度が $8.0\,\mathrm{m/s}$ となったときの物体の位置を求めよ。

B
（1）$t=2.0$ で物体の速度が $0\,\mathrm{m/s}$ となった。加速度を求めよ。

（2）$t=2.0$ での物体の位置を求めよ。

（3）位置 $x=0$ を再び通過する時刻と，そのときの物体の速度を求めよ。

📖 解説

> **ポイント**
>
> 3つの公式をうまく使い分ける！
>
> 向きも含めて立式＆計算！

A
（1）$v=v_0+at$ より，

$\qquad 10=4.0+a\times 2.0$

$\qquad$ よって，$a=\underline{3.0\,\mathrm{m/s}^2}$

（2）$x = v_0 t + \dfrac{1}{2} a t^2$ より，

$$x = 4.0 \times 2.0 + \dfrac{1}{2} \times 3.0 \times 2.0^2 = \underline{14\ \text{m}}$$

（3）$v^2 - v_0^2 = 2ax$ より，

$$8.0^2 - 4.0^2 = 2 \times 3.0 \times x$$

よって，$x = \underline{8.0\ \text{m}}$

B

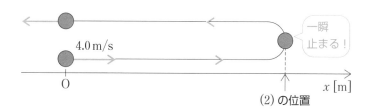

4.0 m/s

一瞬
止まる！

O

$x\,[\text{m}]$

(2) の位置

（1）$v = v_0 + at$ より，

$$0 = 4.0 + a \times 2.0$$

よって，$a = \underline{-2.0\ \text{m/s}^2}$

（2）$x = v_0 t + \dfrac{1}{2} a t^2$ より，

$$x = 4.0 \times 2.0 + \dfrac{1}{2} \times (-2.0) \times 2.0^2 = \underline{4.0\ \text{m}}$$

（3）$x = v_0 t + \dfrac{1}{2} a t^2$ より，

$$0 = 4.0 \times t + \dfrac{1}{2} \times (-2.0) \times t^2$$
$$0 = 4.0 \times t - t^2 = t(4.0 - t)$$

$t > 0$ ゆえ，$t = \underline{4.0\ \text{s}}$

$v = v_0 + at$ より，

$$v = 4.0 + (-2.0) \times 4.0 = \underline{-4.0\ \text{m/s}}$$

別解

（3）の速度は，$v^2 - v_0^2 = 2ax$ より，

$$v^2 - 4.0^2 = 2 \times (-2.0) \times 0$$
$$v^2 - 4.0^2 = 0$$

$v < 0$ ゆえ，$v = \underline{-4.0\ \text{m/s}}$

6 自由落下

ポイント!!

重力だけを受けるとき，物体はすべて，共通の重力加速度の大きさ $g=9.8\,\mathrm{m/s^2}$ で落下する。

空気抵抗などを無視して，物体が重力だけの影響を受けて運動する場合を考えます。

重力加速度

物体が重力だけの影響を受け，初速度 0 で落下する運動を自由落下といいます。物体が自由落下しているときの加速度の大きさは，どんな物体でも共通に約 $9.8\,\mathrm{m/s^2}$ であり，これを g と表します。質量によらず，すべての物体は同じ重力加速度の大きさ g のもとで運動することに注意しましょう。

注意!

$g=9.8\,\mathrm{m/s^2}$ はあくまでも地表付近での値です。厳密には，地球の自転や標高の影響があり，場所ごとに重力加速度の大きさは少しずつ異なります。しかし，宇宙に飛び出すことを考えたりするなら話は別ですが，我々の生活圏（高い山の山頂や，飛行機の高度程度まで）では，重力加速度の値のずれは小さく，ほぼ一定と思ってよいです。

自由落下を表す式

自由落下している物体は，加速度の大きさが g の等加速度直線運動になります。よって，前の節で出てきた等加速度運動の公式がそのまま使えます！　鉛直下向きを正方向として，加速度は g なので，公式の初速度 v_0 を 0，加速度 a を g として，

①速度について
$$v=gt$$
②変位について
$$x=\frac{1}{2}gt^2$$

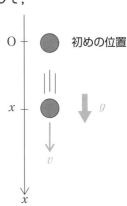

③便利な式

$$v^2 = 2gx$$

（v：速度　x：変位　g：重力加速度　t：時間または時刻）

問題

重力加速度の大きさを $9.8\,\mathrm{m/s^2}$ とする。

（1）物体を自由落下させてから $4.0\,\mathrm{s}$ 後の物体の速さと移動距離を求めよ。

（2）地面からの高さが $19.6\,\mathrm{m}$ の屋上から物体を静かにはなした。物体は何 s 後に地面に着くか。

（3）物体を地面からの高さ $10\,\mathrm{m}$ のところから自由落下させると，地面に着く直前の物体の速さは何 $\mathrm{m/s}$ となるか。

※「静かにはなす」とは「初速度 0 で運動させた」という意味。

解説

ポイント

3 つの公式をそのまま使う！

（1）$v = gt$ より，
$$v = 9.8 \times 4.0 = 39.2 \fallingdotseq \underline{39\,\mathrm{m/s}}$$

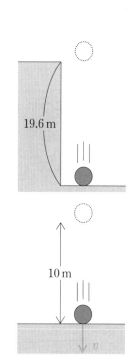

（2）$x = \dfrac{1}{2}gt^2$ より，

$$t = \sqrt{\frac{2x}{g}} = \sqrt{\frac{2 \times 19.6}{9.8}}$$

$$= \sqrt{\frac{2 \times (9.8 \times 2)}{9.8}} = \underline{2.0\,\mathrm{s}}$$

（3）$v^2 = 2gx$ より，
$$v = \sqrt{2gx}$$
$$= \sqrt{2 \times 9.8 \times 10} = \sqrt{2 \times 98} = \sqrt{4 \times 49}$$
$$= \underline{14\,\mathrm{m/s}}$$

7 鉛直投げ上げ

ポイント!!

等加速度運動の公式を，加速度 $-g$ で使う。

　ここでは，初速度がある場合の，重力加速度のもとでの運動を考えます。使う式は変わらず等加速度運動の公式と重力加速度の大きさ g です。正負の向きにも注意して機械的に計算できるようにしましょう。

鉛直投げ上げ

　物体をある初速度で鉛直上向きに投げると，物体の速さは次第に減少していき，やがて最高点で 0 となります。もちろん，物体はそこで止まったままとはならず，その後の物体の運動は，最高点をスタート地点とする自由落下となります。

　このとき，終始一定の重力加速度のもとでの運動となっているので，最高点で一瞬止まって折り返す前後で場合分けなどは必要ありません。ずっとひとつなぎの運動として考えることができます。鉛直投げ上げの公式は，鉛直上向きを正とし，等加速度運動の公式で a を $-g$ として，

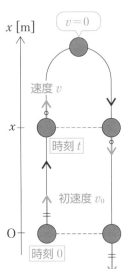

①**速度について**
$$v = v_0 - gt$$

②**変位について**
$$x = v_0 t - \frac{1}{2}gt^2$$

③**便利な式**
$$v^2 - v_0^2 = 2(-g)x$$

（v_0：初速度　v：速度　x：変位

g：重力加速度の大きさ　t：時間または時刻）

👆 問題

重力加速度の大きさを $9.8\,\mathrm{m/s^2}$ とする。

（1）小球を初速 $9.8\,\mathrm{m/s}$ で鉛直上向きに投げた。最高点にいたるまでにかかる時間は何 s か。また、その高さは投げた位置から何 m か。

（2）小球を初速 $19.6\,\mathrm{m/s}$ で鉛直上向きに投げた。手元に戻ってくるまでにかかる時間と、その直前の小球の速さを求めよ。

📖 解説

ポイント

公式をそのまま使う！

（1）最高点では一瞬速度が 0 となるので、$v=v_0-gt$ より、

$$0=v_0-gt \quad よって、\quad t=\frac{v_0}{g}=\frac{9.8}{9.8}=\underline{1.0\ \mathrm{s}}$$

また、小球の最高点での高さを h とすると、

$$v^2-v_0{}^2=2(-g)x より、\quad 0^2-v_0{}^2=-2gh$$

よって、

$$h=\frac{v_0{}^2}{2g}=\frac{9.8^2}{2\times9.8}=\frac{9.8}{2}=\underline{4.9\ \mathrm{m}}$$

（2）手元に戻るということは、変位が 0 なので、

$$x=v_0t-\frac{1}{2}gt^2 より、\quad 0=v_0t-\frac{1}{2}gt^2$$

t でくくると、$0=t\left(v_0-\frac{1}{2}gt\right)$ となり、

$t=0$ または $t=\dfrac{2v_0}{g}$ 　$t>0$ ゆえ、$t=\dfrac{2v_0}{g}$ である。

数値を代入すると、$t=\dfrac{2\times19.6}{9.8}=\dfrac{2\times(9.8\times2)}{9.8}=\underline{4.0\ \mathrm{s}}$

また、このときの速度は、鉛直上向きを正として、
$v=v_0-gt$ より、

$$v=19.6-9.8\times4.0=(9.8\times2)-9.8\times4.0=9.8\times(2-4)=-19.6\,\mathrm{m/s}$$

よって、速さは $19.6\fallingdotseq\underline{20\ \mathrm{m/s}}$（放物運動には対称性があり、手元に戻ってくるときの速さは、はじめに投げたときの速さと必ず一致します。）

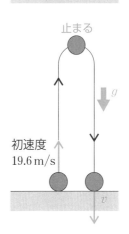

8 鉛直投げ下ろし

ポイント!!

等加速度運動の公式を，加速度 g で使う。

　ここでは，前節同様に初速度がある場合の，重力加速度のもとでの運動を考えます。相変わらず使う式は等加速度運動の公式と重力加速度 g です。前節と異なり，初速度と重力加速度の向きが同じです。

鉛直投げ下ろし

　物体をある初速度で鉛直下向きに投げる場合も，鉛直投げ上げのときと同様に終始一定の重力加速度のもとでの運動となります。初速度と重力加速度の向きが同じなので，物体の速さは次第に大きくなっていく運動です。

　鉛直投げ下ろしでの公式は，鉛直下向きを正とし，等加速度運動の公式で a を g として，

①速度について

$$v = v_0 + gt$$

②変位について

$$x = v_0 t + \frac{1}{2}gt^2$$

③便利な式

$$v^2 - v_0^2 = 2gx$$

（v：速度　v_0：初速度　x：変位

g：重力加速度の大きさ　t：時間または時刻）

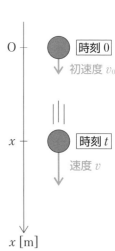

🖋 問題

重力加速度の大きさを $9.8 \mathrm{\,m/s^2}$ とする。

（1）物体を初速 $2.4 \mathrm{\,m/s}$ で鉛直下向きに投げると，$2.0 \mathrm{\,s}$ 後の速さは何 $\mathrm{m/s}$ になるか。

（2）高さ $39.2 \mathrm{\,m}$ のところから，小球を初速 $9.8 \mathrm{\,m/s}$ で鉛直下向きに投げた。地面に着く直前の小球の速さはいくらか。

📖 解説

ポイント

鉛直投げ下ろしの公式を使う！

（1）$v = v_0 + gt$ より，

$$v = 2.4 + 9.8 \times 2.0$$
$$= \underline{22 \mathrm{\,m/s}}$$

（2）$v^2 - v_0{}^2 = 2gx$ を用いて，

$$v^2 = v_0{}^2 + 2gx$$
$$= 9.8^2 + 2 \times 9.8 \times 39.2$$
$$= 9.8^2 + 2 \times 9.8 \times (4 \times 9.8)$$
$$= \underbrace{9.8^2}_{\text{くくる}} \times (1 + 8)$$
$$= 9.8^2 \times 9$$

よって，

$$v = \sqrt{9.8^2 \times 9}$$
$$= 9.8 \times 3$$
$$\fallingdotseq \underline{29 \mathrm{\,m/s}}$$

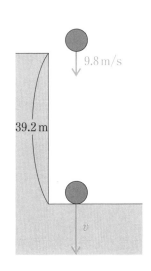

⑨ 相対運動

ポイント!!

観測者によって，速度は異なる！

速度の合成

　静止した人から見て速度 v_A で運動している物体 A の上で，物体 A に対する速度 v_B で物体 B が運動する場合，静止した人から見ると，物体 B の速度 u は，

$$u = v_B + v_A$$

となります。これを速度の合成といいます。つまり，速度を向きも含めて足し算すれば，合成できます。

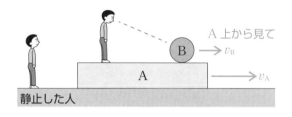

相対速度

　物体 A から見た物体 B の速度を，物体 A に対する物体 B の相対速度といいます。「A に対して」は，「A から見て」ということです。

　静止している人から見て，物体 A の速度が v_A，物体 B の速度が v_B のとき，物体 A に対する物体 B の相対速度 u_{AB} は，

$$u_{AB} = v_B - v_A$$

となります。つまり，見ている人の速度を向きも含めて機械的に引き算すればよいのです。

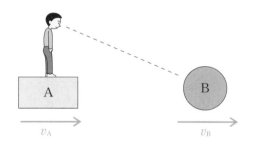

✍ 問題

（1）地面に静止している人から見て $10\,\mathrm{m/s}$ で走っている台の上から，ボールを台の進む向きと同じ向きに台から見て $30\,\mathrm{m/s}$ の速さで投げた。地面で静止している人から見て，ボールの速さはいくらか。

（2）一直線上において，右向きに $4.0\,\mathrm{m/s}$ で運動している物体 A と，左向きに $7.0\,\mathrm{m/s}$ で運動している物体 B がある。物体 A から見て物体 B の速度の大きさはいくらか。また，向きも答えよ。

（3）北向きに $80\,\mathrm{km/h}$ で運動している自動車 A から，同じ向きに $18\,\mathrm{km/h}$ で運動する自転車 B を見たとき，自転車の速度はどの向きに何 $\mathrm{km/h}$ か。

📖 解説

ポイント

速度の合成は足し算・相対速度は引き算

（1）台の進む向きを正として，足し算すればよいので，
$$v = v_{台} + v_{ボール} = 10 + 30 = \underline{40\,\mathrm{m/s}}$$

（2）右向きを正とすると，A の速度は $v_A = 4.0\,\mathrm{m/s}$，B の速度は $v_B = -7.0\,\mathrm{m/s}$ である。

$v_A = 4.0\,\mathrm{m/s}$ $v_B = -7.0\,\mathrm{m/s}$

$$\text{A} \longrightarrow \qquad \longleftarrow \boxed{\text{B}} \qquad \Longrightarrow \begin{array}{c}\text{右向き}\\\text{正}\end{array}$$

A から見た B の相対速度は，**向きも含めて**

$$v_{AB} = v_B - \underbrace{v_A}_{\text{見ている人の速度}}$$

$$= (-7.0) - 4.0 = -11\,\mathrm{m/s}$$

負になったということは**左向き**ということである。

よって，<u>大きさ　$11\,\mathrm{m/s}$，向き　左向き</u>

（3）北向きを正として $v_A = 80\,\mathrm{km/h}$，$v_B = 18\,\mathrm{km/h}$ と表せ，自動車 A から見た自転車 B の相対速度は

$$v_{AB} = v_A - \underbrace{v_B}_{\text{見ている人の速度}}$$

$$= 18 - 80 = -62\,\mathrm{km/h}$$

つまり，<u>南向きに $62\,\mathrm{km/h}$</u>

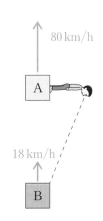

1 力と因果関係

原因（力）があって初めて物事が起こる！

運動と力

突然ですが，クイズです。

右図のように，水平面上に物体が置かれています。この後，物体は
水平面以外とは接触しないとします。この物体は，この後どうなる
でしょう？

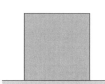

わかりましたか？　正解はもちろん，このまま「静止し続ける」です。当たり前すぎて
むしろ答えにくいクイズであったかと思いますが，この，「当たり前」というところが大
事なポイントなのです。当たり前に起きそうなこと，いいかえれば，「必ずいつもそうなる」
現象であるなら，そこには何かしらのルールが隠れているはずです。そのルールを正しく
見いだし，使っていくのが「物理」という学問なのです。

当たり前なこと　➡　そこからルールを見いだす！

上のクイズの例をもう少し考えましょう。物体に誰も触らなければ，勝手に動き出しま
せんね？　触れない，というのは力を加えないということです。それが当たり前というこ
とは，それをひとつのルールとしてとらえることができます。

ルール1：力を加えなければ，物体は動き出さない。

次に，この物体を右へ動かしたかったらどうすればよいでしょうか。そうです，押すな
り引くなり，何かしらの力を右向きへ加えればよいですね！　右向きに力を加えれば物体
は右へ，左向きの力を加えれば，物体は左へ向かって動き出します。これもまた，当たり
前のことですね。よって，これもひとつのルールとしてとらえることができます。

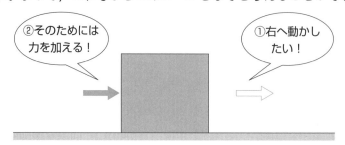

②そのためには
力を加える！

①右へ動かし
たい！

> **ルール2：静止している物体に力を加えると，力と同じ向きに動き出す。**

　以上のようなことを的確にとらえ，いろいろな現象に対して一般的に成立するルールをまとめたものを**物理法則**といいます。つまり，物理の学習とは，この物理法則を学び応用していくこと，この先何が起こるのかという未来予想をしていけるようにすることなのです。

因果関係

　物体にはたらく力がなければ物体は動き出さない。逆に物体に力が加われば動き出す。つまり，何の原因もなしに物体は動き出さないし，何か原因となる力が加われば物体は動き出します。この，「何かしらの原因があって初めて，物事は起こる」という**因果関係**を，物理の学習では常に念頭に置いておいてください。「何か，式を覚えて算数をする」のではないのです。

> **因果関係：原因　➡　結果　のルール**

　特に力学の場合，その原因を力としてとらえます。よってまずは，この世界には**どんな力があるのか**を把握し，さまざまな状況において，注目した物体に対し**どんな力がはたらいているのか**をきちんととらえる（図示したりする）ことが最重要課題です。次節以降でまずはそこを学んでいきましょう。

📖 問題

　以下の文中の ☐ を適切な言葉でうめよ。

　図のように，天井から伸び縮みしない糸でぶら下げた物体がある。物体は糸がピンと張った状態で静止していたものとする。この物体に糸の他に接触するものがない場合，その後物体は ☐(1)☐ 。次に，指先で軽く触れ，水平方向右向きに力を加えると，その直後物体は ☐(2)☐ 。最後に，物体を軽くにぎって鉛直下向きに引くと，物体は ☐(3)☐ となる。なお，糸は切れていないものとする。

📖 解説

（1）何もしなければ，物体は動かない。

（2）右向きに力を加えると，力と同じ右向きへ動き出す。なお，実際にはこの後は振り子の運動をする。

（3）糸の力（張力）が邪魔をするので，物体は下へ動かず，静止したままとなる。

2 いろいろな力

よく出てくる力の種類と描き方を把握しよう！

力の図示

　力は矢印を用いて表します。力が加わっている点を力の**作用点**といい，そこから力の向きに矢印を引きます。また，矢印の長さで力の大きさを表します。なお，力の作用点を通り，力と同じ方向に引いた直線を力の**作用線**といいます。

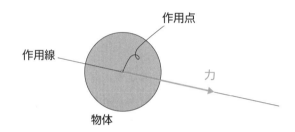

力の種類

　ここでは，物理の問題を考えるときによく出てくる力について学びます。

①**重　　力**

　重力は，地球が物体を引く力です。その大きさは，物体の質量に比例します。重力の大きさは質量を m，重力加速度の大きさを g として，

$$mg$$

となります。向きは**鉛直下向き**です（重力と平行な方向を**鉛直方向**といいます）。図示すると右図のようになります。力の作用点は物体の中心で，そこから下向きに矢印を描きます。

注意1

「重さ」は重力の大きさを表す言葉。「質量」とは異なるので気をつけてください。

注意2

　重力加速度の大きさ g はすべての物体に共通です。例えば，質量 M の物体にかかる重力の大きさなら Mg となります。

②張　力

　たるんでいる糸からは力を受けません。しかし，ピンッと張った糸からは力を受けます。この力を張力といいます。

　張力は，両端につながれた2つの物体にともに加わり，

（ⅰ）その方向は糸に沿った方向。

（ⅱ）十分に軽い糸の場合，張力の大きさは糸の各点どこでも同じ。

となります。

　なお，張力の大きさは，T か S で表すことが多いです。

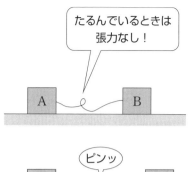

たるんでいるときは張力なし！

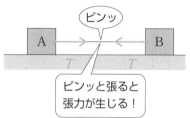

ピンッ

ピンッと張ると張力が生じる！

③垂直抗力

　物体が床や壁などの「面」に触れているとき，その物体は面から力を受けます。面と垂直な方向に受ける力を垂直抗力といいます。向きは面に対し垂直な向きです。また，垂直抗力の大きさは状況に応じて変化します。例えば，単に置かれているときに比べ，グッと押しつけられているときの方が垂直抗力は大きくなります。

　なお，垂直抗力の大きさは，N で表すことが多いです。

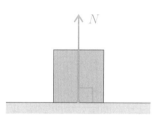

注意！

　垂直抗力は，床からだけでなく，壁や天井からでも，触れていれば受けます。逆に，面に触れていなければ垂直抗力は受けません。

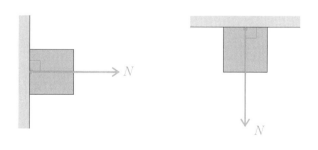

④弾性力

ばねが伸びている，または縮んでいるとき，その両側につながれた物体はばねから力を受けます。これを弾性力といいます（「弾性」とは，変形した物体が元に戻ろうとする作用のことです。ゴムやプラスチックの下敷きなどにも弾性はありますね）。

弾性力の大きさはフックの法則に従います。

$$F = kx$$

k をばね定数といいます。これはばねごとに決まる定数で，単位は $[\mathrm{N/m}]$ です。x はばねの伸びまたは縮みを表します。ばねが縮めば縮むほど，伸びれば伸びるほど，弾性力は大きくなります。

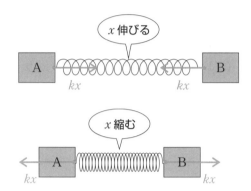

✋ 問題

次の図の物体に加わる力を矢印で図示し，その名称を矢印のわきに書け。

（1）水平な床上に置かれた物体

（2）天井から糸でつり下げられた物体

（3）なめらかな斜面上で，ばねをつけて静止している物体

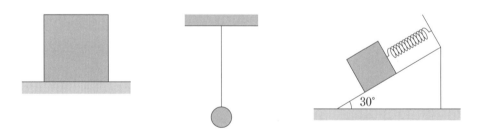

解説

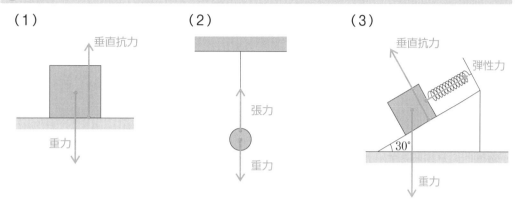

（1）　　　　　　　　（2）　　　　　　　　（3）

（1）垂直抗力／重力

（2）張力／重力

（3）垂直抗力／弾性力／30°／重力

参考 単位について

　物理量には単位がつきます。単位には，その物理量の意味が含まれており，これを見ると「何を表す物理量なのか」予想できます。

　最も基本的な単位には，質量を表す kg(キログラム)，長さを表す m(メートル)，時間を表す s(秒) があり，電気を扱うときには電流を表す A(アンペア) も用いられます。

　その他，力の単位 N(ニュートン)，圧力の単位 Pa(パスカル)，仕事とエネルギーの単位 J(ジュール) のように，習慣的に使われる特別なものもありますが，単位はふつう，基本的な単位の組み合わせで表現できます。

　例として，

> 速さは，長さ÷時間だから，m÷s で，m/s(メートル毎秒)
>
> 加速度は，速度÷時間だから，m/s÷s で m/s²(メートル毎秒毎秒)
>
> 圧力は，力÷面積だから，N÷m² で，N/m²(ニュートン毎平方メートル)

　また，力の単位は習慣的に N(ニュートン) を使いますが，運動方程式 $ma=F$(p.44 参照) から，力は質量と加速度の積で表されるとわかるので，

> **力の単位 N(ニュートン) は，$kg \cdot m/s^2$ と書きかえられる**

ことがわかります。このように，物理法則や関係式から，単位を組み立てることもできます。

③ 力のつり合い

力のつり合い

物体に力が加わっていたとしても，右図のように左右から同じ大きさの力で押されている場合，物体は右にも左にも動き出しません。このように，力のバランスがとれている状態を**力のつり合い**の状態といいます。

右向きの力の大きさを f_1，左向きの力の大きさを f_2 とすると，この物体にかかる力のつり合いの式は，

$$f_1 = f_2$$

となります。

次に，物体が水平な床の上に置かれて静止している場合を考えましょう。物体の質量を m，重力加速度の大きさを g として，物体には鉛直下向きに重力 mg が加わっているので，本来は下向きに動き出してもよいはずです。しかし，物体は静止したままです。これは一体どういうことでしょうか。

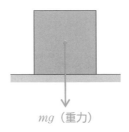

mg（重力）

ふつうの会話レベルであれば，「床があるから，通り抜けられない」とか，「床が邪魔をして下にはいけない」などといった言い方をすることになるでしょう。しかし，物理，ことに力学においては，床があるからこそ「床から何かしらの力を受け，その力と重力がつり合うから動かない」と考えます。あくまでも，力を介してものごとを考えるのです！

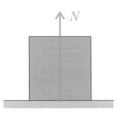

この場合，床からの力は**垂直抗力**です。垂直抗力の大きさを N とすると上向きの N

と下向きの mg がつり合います。力のつり合いの式は,

$$N = mg$$

となります。

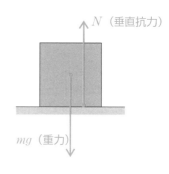

力のつり合いのまとめ

物体に加わる複数の力を合成したものを合力といいます。物体に力が加わっていても,その和 (合力) が $\vec{0}$ となっている状態を力のつり合いの状態といいます。物体に加わっている力が $\vec{F}$, $\vec{G}$, $\vec{H}$, …のとき, 力がつり合っているなら, これらの合力が $\vec{0}$ なので,

$$\vec{F} + \vec{G} + \vec{H} + \cdots\cdots = \vec{0}$$

となります。なお, この式には向きも含まれます。

特に, 平面上の場合なら, 垂直な2方向に分けて, 力を分解して各成分ごとに和をとればよいです。

$$F_x + G_x + H_x + \cdots\cdots = 0$$

かつ

$$F_y + G_y + H_y + \cdots\cdots = 0$$

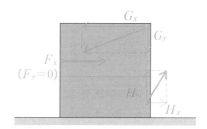

慣性の法則 (運動の第1法則)

一般に物体には, そのときの運動状態を保ち続けようとする性質があります (これを慣性といいます)。よって, 力を受けていない物体は, 静止し続けるか, 等速度運動をし続けます。これを慣性の法則といいます。ニュートンがまとめた運動の3法則の1つ目の法則です。

✎ 問題

　次の図の物体に加わる力を矢印で図示し，その名称を矢印のわきに書け。

（1）水平な床上に置かれた物体

（2）天井から糸でつり下げられた物体

（3）一端をばねで壁につながれた物体 A と，定滑車を通して糸で物体 A につながれた物体 B

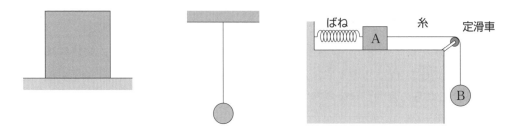

📖 解説

ポイント

まずは力の図示を！　物体ごとにていねいに描く！

　垂直抗力の大きさを N，張力の大きさを T，弾性力を kx，重力加速度の大きさを g とする。

（1）物体の質量を m とする。力を図示すると右のようになる。鉛直方向の力のつり合いの式は，

$$N = mg$$

（2）物体の質量を m とする。力を図示すると右のようになる。鉛直方向の力のつり合いの式は，

$$T = mg$$

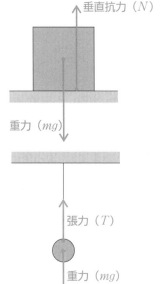

（3）物体 A の質量を M，物体 B の質量を m とする。

A　水平方向：$kx = T$
　　鉛直方向：$N = Mg$
B：$T = mg$

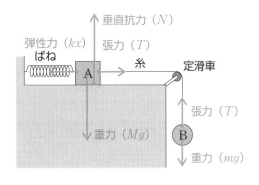

🖐 問題

なめらかな斜面上に質量 m の物体を置き，ばね定数 k のばねをつけて静止させた。このとき，ばねの自然長からの伸びは x であった。物体にかかる力を図示し，斜面に平行な方向と斜面に垂直な方向の力のつり合いの式を書け。ただし，垂直抗力の大きさを N，重力加速度の大きさを g とする。

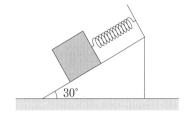

📖 解説

ポイント

重力を2つの方向の成分に分ける。

今度は斜面上に物体がある場合です。単に力の図示をすると下の左図のようになります。重力を斜面に平行な方向と斜面に垂直な方向に分解すると下の右図のようになります（三角比については p.138 を参照）。

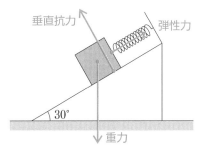

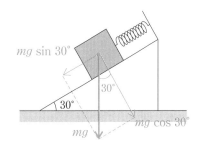

よって，力のつり合いの式は

　　斜面に平行な成分：$kx = mg \sin 30°$
　　斜面に垂直な成分：$N = mg \cos 30°$

となります。

4 作用反作用の法則

力はすべてお互いさま。作用があれば必ず反作用がある！

反作用

　例えば，壁などをたたくときのことを考えてみましょう。軽くたたく分には手は大して痛くなりませんが，強くたたけばたたくほど，手は痛くなりますね。これは（生物学的にではなく）物理としてはどう説明されるのでしょうか。

　手が壁に力を及ぼすとき，必ずその逆，**壁から手**に同時に力が加わります。この，「壁からの力」を「手から壁への力」に対する**反作用**といいます。反作用の大きさは，元の力（作用）と同じなので，壁を弱い力でたたく分には，手が受ける反作用も弱いですが，強くたたけばその分，反作用も強くなります。

作用反作用の法則（運動の第3法則）

　まとめましょう。一般に，物体Aから物体Bへの力（作用）fがあると，必ず同時に物体Bから物体Aへの**反作用**f'も生まれます。特徴としては，

　　①大きさは等しい　②向きは逆　③作用線が同じ

式で表せば，

$$f' = -f$$

となります。

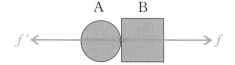

問題

　次の図の物体に加わる力に対する反作用はどんな力か答え，図示せよ。

（1）水平な床上に置かれた物体に
　　　加わる，床からの垂直抗力

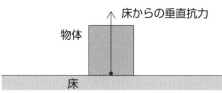

（2）天井から糸でつり下げられた
　　　物体に加わる糸からの張力

（3）手が壁を押す力

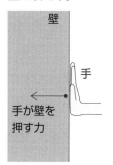

（4）物体に加わる重力

💭 解説

（1）物体が床を押す力

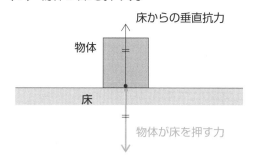

（2）物体が糸を引く力

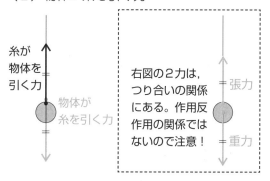

右図の2力は，つり合いの関係にある。作用反作用の関係ではないので注意！

（3）壁が手を押す力

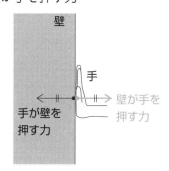

（4）物体が地球を引く力

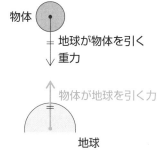

5 摩擦力

摩擦力には静止摩擦力と動摩擦力の2種類がある!

　道路や木の床などの上に置かれた物体を，横から押して動かそうとしても動かないことがあります。また，動き出したとしても，それなりに強い力を加え続けないとすぐに止まってしまいます。これは道路や木の床から物体に加わる**摩擦力**が原因です。物体を動かそうと思っている向きとは逆向きに摩擦力がはたらき邪魔をします。この摩擦力には2種類のものがあります。

手からの力

摩擦力

静止摩擦力

　物体が面に対してすべっていないときにはたらく摩擦力を**静止摩擦力**といいます。上の例のように，静止している物体が動き出すのを妨げているのはこの力です。その特徴は，

①**物体が面に対してすべっていない**ときに作用する。

②状況に応じて，その**大きさは変化**する。

③すべり出す直前の静止摩擦力を**最大摩擦力**という。

　その大きさは，摩擦力を考えている面の垂直抗力の大きさ N に比例し，

$$R_{\max} = \mu N$$

（μ：**静止摩擦係数**　　$R_{\max}$：**最大摩擦力の大きさ**　　N：**垂直抗力の大きさ**）

　ここで，静止摩擦係数 μ は面の種類や状態のみで決まる定数です。その物体を押す力の大きさとは関係がありません。

注意!

　最大摩擦力の大きさ $R_{\max} = \mu N$ は，すべり出す直前にだけ成立する値。いつもこうなるわけではなく，静止摩擦力の大きさは，そのときの力のつり合いなどから決まります。

動摩擦力

　物体があらい面に対してすべっているときにも摩擦力がはたらきます。これを**動摩擦力**

といいます。前ページの例で，いったん動き出した物体を押すのをやめると止まってしまうのはこの力が原因です。その特徴は，

> ①物体が面に対して**すべっている**ときに作用する。
>
> ②物体の速度によらず，その**大きさは一定**で，
>
> $$R' = \mu' N$$
>
> （ μ'：**動摩擦係数**　　R'：**動摩擦力の大きさ**　　N：**垂直抗力の大きさ**）

動摩擦係数 μ' は面の種類や状態のみで決まります。静止摩擦係数とは異なる値です。

抗　力

　一般に，物体が面に接しているとき，物体が面から受ける力を**抗力**といいます。抗力の成分のうち，
　　面に垂直な方向の成分を**垂直抗力**
　　面に平行な方向の成分を**摩擦力**といいます。

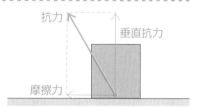

🖐 問題

重さ 100 N の物体が水平な床の上に静止している。

（1）水平方向右向きに大きさ 10 N の外力を加えたところ，物体は静止したままであった。このときの静止摩擦力の大きさはいくらか。

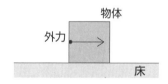

（2）この物体を水平方向右向きに力を加えてすべらせるために，必要な外力の大きさはいくら以上か。ただし，床と物体の間の静止摩擦係数は 0.50 とする。

（3）物体が床の上をすべり出した後，物体にはたらく動摩擦力の大きさはいくらか。ただし，物体と床面との間の動摩擦係数を 0.20 とする。

🖽 解説

　力の図示をすると右図のようになります。

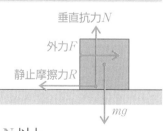

（1）水平方向の力のつり合いを考えると，$R = F\ (=10\text{ N})$
　　よって，静止摩擦力の大きさは外力と等しく，<u>10 N</u>

（2）鉛直方向の力のつり合いを考えて，$N = mg$
　　最大摩擦力は，$\mu N = \mu mg = 0.50 \times 100 = 50\text{N}$
　　これ以上の大きい力で押せば物体は動き出すので，<u>50 N</u> 以上。

（3）動摩擦力の大きさは，$\mu' N = \mu' mg = 0.20 \times 100 = $ <u>20 N</u>

6 運動方程式

ポイント!!

物体に力が加わり加速するときは，運動方程式を！

運動の法則（運動の第2法則）

物体に力が加わると，その方向に加速度が生じます。これを式に表してみましょう。物体に生じる加速度$\vec{a}$の大きさは，**力$\vec{F}$の大きさに比例し，質量mに反比例する**ことが実験で確かめられています。よって加速度$\vec{a}$は$\dfrac{\vec{F}}{m}$

に比例する，といえるので，

$$\vec{a} = k\frac{\vec{F}}{m}$$

とまとまります（kは比例定数）。これを**運動の法則**
といいます。ニュートンがまとめた運動の3法則の，2つ目の法則です。

（図：質量m，外力$\vec{F}$，加速度$\vec{a}$）

運動方程式

上の運動の法則の式は，悪くはないのですが，「変な比例定数はついているし」，「分数だし」，といった感じでいまいちスッキリしていません。そこで，先人たちは力の測り方，単位を決め直すことで比例定数がなくて済むように式を整理しました。

詳しくは次のようにします。
「**質量1 kgの物体にちょうど1 m/s^{2}の加速度を生むような力の大きさを1 N**」
と決めます。

$$\vec{a} = k\frac{\vec{F}}{m}$$

（1 N，1 m/s^2，1 kg，ここは1に！）

こうすると，運動の法則の式の比例定数kは1となり，式がスッキリします。そして，分母もはらって整理すれば，

$$m\vec{a} = \vec{F}$$

（m：質量 [kg]　　$\vec{a}$：加速度 [m/s^2]　　$\vec{F}$：力 [N]）

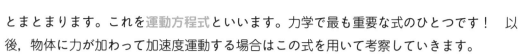

とまとまります。これを**運動方程式**といいます。力学で最も重要な式のひとつです！　以後，物体に力が加わって加速度運動する場合はこの式を用いて考察していきます。

注意！

　運動方程式は「力によって加速度が生まれる」という<ruby>因果<rt>いん が</rt></ruby>関係，つまり，「原因⇒結果」**のルール**を表したものです。決して「$\vec{ma}$ という量と $\vec{F}$ という量が等しい」などとは考えないようにしましょう！

質量の意味

　質量が大きい物体は加速されにくい，つまり，運動の状態を変えにくい。よって，物体の質量はその物体の**<ruby>慣性<rt>かんせい</rt></ruby>の大きさを表す量**であるといえます。

💡 問題

（1）水平でなめらかな床の上に静止していた質量 20 kg の物体に，一定の大きさ 60 N の外力を加えたところ，物体は等加速度運動した。物体の加速度の大きさを求めよ。

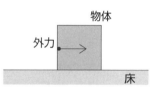

（2）なめらかで傾角 30 度の斜面をもつ台が床上に固定されている。斜面上に質量 5.0 kg の物体を置き静かにはなすと，物体は斜面に沿って運動した。物体に生じた加速度の大きさを求めよ。ただし，重力加速度の大きさは $9.8 \, \mathrm{m/s^2}$ とする。

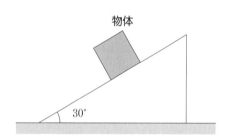

📖 解説

（1）加速度を右向きに a として，運動方程式は，$ma = f$

　　よって，加速度は，$a = \dfrac{f}{m} = \dfrac{60}{20} = \underline{3.0 \, \mathrm{m/s^2}}$

（2）物体に加わる力を図示し分解すると右図のようになる。

　　加速度を斜面に沿って下向きに a として，運動方程式は，
$$ma = mg \sin 30°$$
　　よって，加速度は，

$$a = g \sin 30° = 9.8 \times \dfrac{1}{2} = \underline{4.9 \, \mathrm{m/s^2}}$$

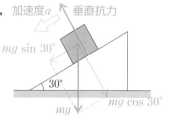

7 圧 力

圧 力

　積もった雪の表面を押すとき，同じ大きさの力でも，指先など細いもので押す場合と広さのある板などで押す場合とでは，沈み込み方が違います。板など面積の大きいもので雪を押す場合には力が分散され，逆に指先で押す場合，指先1点というせまいところに力が集中するので沈みやすいのです。

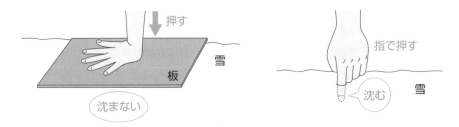

　このように，力の作用には，その力が加わる面の広さも関わってくることがあります。そこで，力の大きさを面積で割った量を考え，これを圧力といいます。

$$p = \frac{F}{S}$$

（p：圧力 [Pa]　F：力の大きさ [N]

S：面積 $[\mathrm{m^2}]$）

単位は [Pa]（パスカル）または $[\mathrm{N/m^2}]$

面積 $S[\mathrm{m^2}]$

力 $F[\mathrm{N}]$

注意!

　圧力は，「単位面積あたり」に加わる力の大きさを表す量です。力そのものとは異なるので，きちんと区別して考えましょう。

大 気 圧

　地表においては，周りの空気からの圧力「大気圧」を受けます。その正体は我々の頭の

上に載っている気体の重さです。空気といえども重力を受けるので，下へ下へと引かれます。空気にかかる重力によって，地表のものが受ける力を圧力に換算したものが大気圧です。

　地表においては，およそ次の大きさです。

$$1 気圧 = 1013\,\text{hPa} = 1.013 \times 10^5\,\text{Pa}$$

水圧の式

　深さ x の位置で水圧とはどういったものか考えてみましょう。水の密度を ρ とします。ここに出てくる密度 ρ は「単位体積 $(1\,\text{m}^3)$ あたりに何 kg の質量があるか」という量で，その単位は $[\text{kg/m}^3]$ です。

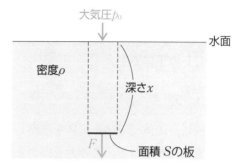

　深さ x のところに面積 S の十分に薄い板があるとします。このとき，この板の上面には，板より上の部分にある水の重さ $\rho(Sx)g$ に相当する力が加わります（板の上にある水の体積は Sx なので，質量は $\rho(Sx)$，水の重さは $\rho(Sx)g$ となります）。

　しかし，加わる力はこれだけではありません。水面に大気圧 p_0 がかかっているので，それも加えなければなりません。よって，板に加わる力は，

$$F = \underbrace{p_0 S}_{大気圧の分} + \underbrace{\rho(Sx)g}_{水の重さの分}$$

となり，これを面積 S で割ると水圧の式となります。

$$p = p_0 + \rho x g$$

　なお，ここの説明では上からの力のように説明しましたが，実際には水圧は四方八方すべての方向から加わり，同じ深さの点に対してはどの方向からの水圧も同じ大きさです。

🖐 問題

　重さ $100\,\text{N}$，底面積 $5.0\,\text{m}^2$ の物体が床の上に置かれている。この物体が床に及ぼす圧力はいくらか。

📖 解説

$p = \dfrac{F}{S}$ より，圧力は $\dfrac{100}{5.0} = \underline{20\,\text{Pa}}$

8 浮　力

浮力の大きさは$\rho V g$！

　水に入ると浮く感じ，身体がやや軽くなったような感覚を覚えます。しかし，実際に身体が軽くなること，すなわち質量が減り重力が小さくなるということは起きません。水の中に入ると，身体には，水から**浮力**という力を鉛直上向きに受けるのです。これが，「浮く感じ」の正体です。

浮　力

　一般に，流体（液体と気体を総称して，**流体**といいます）に物体を入れると，重力とは逆向きに力が加わる。この力を**浮力**といいます。その大きさは**アルキメデスの原理**で説明され，

> **流体中の物体は，それが押しのけている流体の重さに等しい大きさの浮力を受ける！**

となっています。式で表せば，

$$F = \rho V g$$

（F：浮力の大きさ $[\mathrm{N}]$　ρ：流体の密度 $[\mathrm{kg/m^3}]$
V：物体の体積 $[\mathrm{m^3}]$　g：重力加速度の大きさ $[\mathrm{m/s^2}]$）

密度 ρ の液体

となります。なお，ここに出てくる密度 ρ は「単位体積あたりに何 kg の質量があるか」という量です。

　本来，この物体が流体の中になければ，そこには物体の体積 V の分の流体があったはずです。物体が入ることにより，この体積 V の分の流体が押しのけられているのです。そして，浮力の大きさは，この押しのけられた流体の重さ $\rho V g$ に一致するのです。

　浮力は，その物体の体積と，周りの流体の密度によって決まります。その物体の密度ではないので気をつけましょう。

水圧と浮力

図のように長さ h, 断面積 S の円柱が水の中にあるとします。このとき, 円柱には, 周りの水から水圧がかかりますが, 側面が受ける圧力は左右対称なので, 打ち消し合います。よって, 上下の面から受ける水圧だけが残ります。

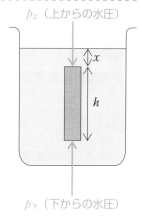

円柱が水から受ける鉛直方向の力は鉛直上向きを正として

$$F = p_下 S - p_上 S$$
$$= \{p_0 + \rho(h+x)g\}S - (p_0 + \rho x g)S$$
$$= \rho S h g$$

となり, Sh は円柱の体積 V なので, 結局 $F = \rho V g$ となります。つまり, 浮力の原因は上下の水圧差です。

🖐 問題

図のように密度 ρ, 体積 V の物体に糸をつけて, 密度 ρ_0 の液体に完全に入れたところ, 物体は糸が張った状態で静止した。ただし, 重力加速度の大きさを g とする。

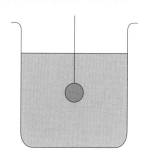

（1）物体に加わる浮力の大きさを求めよ。

（2）物体の重さを求めよ。

（3）糸の張力の大きさを求めよ。

🔘 解説

（1）浮力の大きさは流体中の物体の体積 V と周りの流体の密度 ρ_0 で決まる！

$$\underline{\rho_0 V g}$$

（2）物体の質量は $\underbrace{\rho}_{\text{物体の密度}} \times \underbrace{V}_{\text{物体の体積}}$ なので, これに重力加速度の大きさをかけて重さは

$$\underline{\rho V g}$$

（3）糸の張力の大きさを T とする。物体に加わる力を図示すると右図のようになる。
鉛直方向の力のつり合いを考えると,

$$T + \rho_0 V g = \rho V g$$

よって, 張力の大きさは,

$$T = \underline{(\rho - \rho_0)V g}$$

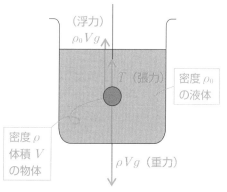

9 空気抵抗

> **ポイント!!**
>
> **空気抵抗は運動と逆向きに kv！**

空気抵抗

物体が空気中を運動するとき，物体は<u>運動の向きとは逆向き</u>の抵抗力を受けます。これを<u>空気抵抗</u>といいます。ふつうに運動していても空気抵抗は加わります。また，スーパーカーや特急電車のように速度が大きいと，その分強く空気抵抗が加わります。

空気抵抗の大きさは，物体の速さがあまり大きくない範囲では，<u>物体の速さに比例</u>します。式は，

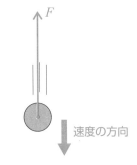

$$F = kv$$

$(F：空気抵抗の大きさ [N]$

$k：比例定数 [N・s/m]$　$v：物体の速さ [m/s])$

と表せます。

物体が空気中を落下していく場合，物体の速さは大きくなっていって，やがて重力と空気抵抗がつり合うと，物体の速さは一定となります。このときの速度を<u>終端速度</u>といいます。

このようすを v-t グラフにすると次のようになります。

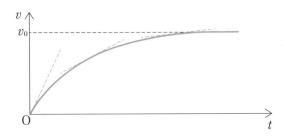

グラフの各点の接線の傾きは加速度を表しており，それがだんだん小さくなっていくようすにも注目しましょう。

注意！

通常は空気抵抗は無視して考えます。よって，空気抵抗は，「問題文の中で空気抵抗について書いてある場合のみ考慮する」と思ってください。

参考 物体の速さが大きいとき

空気抵抗の大きさは，

速さの2乗に比例し，kv^2

となります。ハイレベルな入試問題ではこの式が扱われることもありますが，本書では，以下 kv のみを扱います。

問題

質量 m の物体が重力と空気抵抗を受けて落下している。重力加速度の大きさを g，空気抵抗は，物体の速さを u として ku と表せるものとする。

（1）物体の速さが v のときの運動方程式を書け。ただし，加速度を鉛直下向きに a とする。

（2）終端速度の大きさを求めよ。

解説

（1）物体の速さが v のとき，物体には下向きに重力 mg，上向きに空気抵抗 kv が加わるので，運動方程式は，

$$ma = mg - kv$$

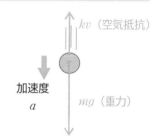

（2）加速して v が大きくなると，空気抵抗 kv も大きくなり，運動方程式の右辺はやがて 0 となる。

このとき，$a = 0$ なので，

$$0 = mg - kv$$

よって，終端速度の大きさは $v = \dfrac{mg}{k}$

1 仕 事

ポイント!!

仕事の定義は $W = Fx$

　ここまでは，運動方程式という形で「力によって運動が生まれる」という因果関係を表してきました。ここからはもう1つ，違った形で運動に関する因果関係を考えていきます。そこでまず「仕事」という概念を定義します。

仕事の定義

　右図のように，物体に力を加えて動かす場合，力の大きさだけでなく，**いかに長い距離押すか**によっても，物体に対する影響度は変わってきます。そこで，外力 F が一定のとき，外力 $F\,[\text{N}]$ と変位 $x\,[\text{m}]$ の積で，**仕事**という量を定義します。なお，仕事の単位は $[\text{N}\cdot\text{m}]$ とも表せますが，ふつうは $[\text{J}]$ を使います。

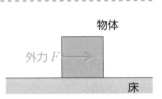

$$W = Fx \ [\text{単位：J(ジュール)}]$$

力の向きと仕事

　上の定義内の x は**移動距離ではなく変位**です。外力の向きと，物体が移動する向きがどういった組み合わせになるのかによって仕事の量は変わります。また，符号も変わります。特に，**運動の方向と垂直な方向の力は仕事をしません！**　また，運動の向きと逆向きの力が行う仕事は**負**となります。

　変位の方向から測って θ の向きに外力を加える場合，外力のうち，変位と同じ向きの成分 $F\cos\theta$ のみが仕事にかかわります。よって，この場合の仕事は，次のように表せます。

$$W = F\cos\theta \cdot x$$

第 1 部　運動とエネルギー ── 第 3 章　仕事とエネルギー

> **注意！**
>
> 　外力の成分を考える際，必ずしも $\cos\theta$ を用いるとは限りません。状況によっては $\sin\theta$ を用いることもあります。よって，この式を暗記するのではなく，毎回きちんと自分で考えて成分を出しましょう。

仕事の例

①質量 m の物体が h だけ落下するときに，重力がする仕事：

　物体に加わる重力は，変位と同じ向きなので，正の仕事をします。

　よって，重力のする仕事は，

$$W = mg \times h$$
$$= mgh$$

変位と同じ向き！

mg（重力）

②質量 m の物体が h だけ上昇するときに，重力がする仕事：

　物体に加わる重力は，変位と逆向きなので，負の仕事をします。

　よって，重力のする仕事は，

$$W = -mg \times h$$
$$= -mgh$$

mg（重力）

変位と逆向き！

③質量 m の物体が傾斜角 θ の斜面に沿って l だけすべり落ちる間に，重力がする仕事：

　重力を斜面に平行な方向と斜面に垂直な方向に分解すると右のようになります。このうち，$mg\sin\theta$ は変位と同じ向きの力なので，正の仕事をします。しかし，$mg\cos\theta$ は変位と垂直な方向の力なので仕事をしません。

　よって，重力のする仕事は，

$$W = mg\sin\theta \times l = mgl\sin\theta$$

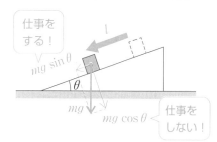

仕事をする！

$mg\sin\theta$

mg

$mg\cos\theta$

仕事をしない！

④動摩擦係数 μ の水平面上で，質量 m の物体を l だけすべらせるときに，重力がする仕事 W_g と，動摩擦力がする仕事 W_μ：

　重力 mg は変位と垂直な方向の力なので仕事をしません。$W_g = 0$

　動摩擦力の大きさは μmg。動摩擦力は変位と逆向きなので，負の仕事をします。よって，動摩擦力による仕事は，

$$W_\mu = -\mu mg \times l = -\mu mgl$$

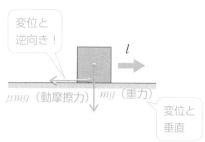

変位と逆向き！

μmg（動摩擦力）　mg（重力）

変位と垂直

仕事率

単位時間あたりの仕事を仕事率といいます。[単位：W]

(1 [s] あたりに 1 [J] の割合で仕事をするときの仕事率を **1 [W]** という。)

仕事率 P は，仕事 W[J] と時間 t[s]，または，移動の向きに加わる力の大きさ F[N] と速さ v[m/s] を用いて，次のように表せます。

$$P = \frac{W}{t} = Fv \ \text{[単位：W(ワット)]}$$

仕事の原理

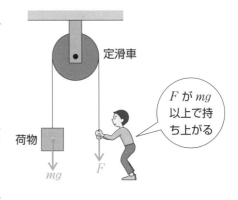

動滑車やてこなどを使ってものを持ち上げるとき，力の大きさは小さくてすみます。しかし，その分動かす距離が長くなります。その結果，力×距離という，荷物を持ち上げるために**必要な仕事の量は変わりません！**このように，道具の質量や摩擦が無視できるとき，ものを動かす際などに必要となる仕事の量は，道具を使っても増えたり減ったりすることはなく一定です。これを**仕事の原理**といいます。

例として，動滑車について考えてみましょう。上図のように定滑車のみを使う場合，重さ mg の荷物を持ち上げるために必要な力 F は mg となります。よって，荷物を h だけ上へ移動させるために必要な仕事は，

$W_1 = mg \times h = mgh$

しかし，次ページの図のように動滑車（質量は 0 とします）を使うと，大きさ F の力でロープを引くと荷物には**上向きに $2F$ の力**が加わるので，荷物を持ち上げるために必要な力は半分ですみます。しかし，動滑車が h だけ上へ上がる場合，両側にあった糸の長さ $2h$ の分だけ引き込まなければなりません！ よって，荷物を引き上げるために必要な仕事は，

$W_2 = \dfrac{1}{2}mg \times 2h = mgh$

となり，結局 W_1 と一致します。力で楽をしても，距離で損をするわけですね。

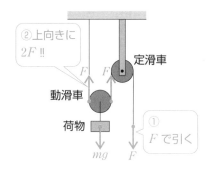
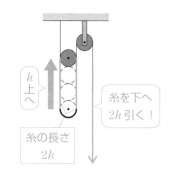

問題

重力加速度の大きさを g とする。

（1）水平でなめらかな床に物体を置く。この物体に大きさ $2.0\,\mathrm{N}$ の一定の力を加えて力と同じ向きへ $5.0\,\mathrm{m}$ だけ動かした。加えた力がした仕事は何 J か。また，床からの垂直抗力がした仕事はいくらか。

（2）上の（1）において，かかった時間が $10\,\mathrm{s}$ であったとすると，加えた力がした仕事の仕事率はいくらか。

（3）水平であらい床に質量 m の物体を置く。この物体に一定の大きさ F の外力を水平方向右向きに加え，距離 d だけ動かした。外力，重力，床からの垂直抗力，動摩擦力がした仕事をそれぞれ求めよ。ただし，物体と床の間の動摩擦係数を μ，重力加速度の大きさを g とする。

解説

（1）仕事は力 × 変位なので， $2.0 \times 5.0 = \underline{10\,\mathrm{J}}$

　　垂直抗力は，変位の方向（物体を動かす方向）と垂直なので，仕事は $\underline{0\,\mathrm{J}}$

（2） $P = \dfrac{W}{t} = \dfrac{10}{10} = \underline{1.0\,\mathrm{W}}$

（3）力を図示すると右図のようになる。

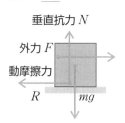

　　鉛直方向の力のつり合いより， $N = mg$

　　よって，動摩擦力の大きさは， $R = \mu N = \mu mg$ となる。

　　外力と動摩擦力は変位に平行な向きなので，仕事をする。

　　しかし，重力と垂直抗力は変位の方向と垂直なので仕事をしない。よって，

　　　外力がした仕事は， $W_F = \underline{Fd}$

　　　重力がした仕事は， $\underline{0}$

　　　垂直抗力がした仕事は， $\underline{0}$

　　　動摩擦力がした仕事は， $W_\mu = -Rd = \underline{-\mu mgd}$

2 仕事と運動エネルギー

ポイント!!

仕事 ＝ 運動エネルギーの変化

エネルギー

　一般に，ある物体が他の物体に対して，何かしらの仕事をする能力をもつ場合，物体はエネルギーをもつといいます。エネルギーの大きさは「その物体が行える仕事の量に等しい」ということです。エネルギーの単位は仕事と同じ [J] です。

運動エネルギー

　止まっている物体は特に何をすることもできませんが，運動している物体は何かしらのことを起こしえます。つまり，運動している物体は他の物体に仕事をすることができるということです。この場合のエネルギーを運動エネルギーといいます。

静止している物体　　運動している物体

質量 m [kg] の物体が速さ v [m/s] で運動しているときにもつ運動エネルギー K は，

$$K = \frac{1}{2}mv^2 \ \text{[単位：J]}$$

仕事と運動エネルギーの関係

　右図のように，質量 m の物体に一定の外力 F を加えて，外力と同じ方向に変位 x だけ運動させることを考えます。

　このとき，物体の運動方程式は $ma = F$ な

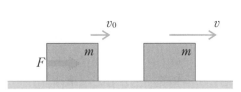

ので，加速度は $a = \dfrac{F}{m}$ と表せます。

　これとは別に等加速度直線運動の公式を考えると，$v^2 - v_0{}^2 = 2ax$ なので，2式より a を消去すると，

$$v^2 - v_0{}^2 = 2 \cdot \dfrac{F}{m} \cdot x$$

となります。両辺に $\dfrac{1}{2}m$ をかけると，

$$\underbrace{\dfrac{1}{2}mv^2 - \dfrac{1}{2}mv_0{}^2}_{\text{運動エネルギーの変化}} = \underset{\text{外力による仕事}}{Fx}$$

つまり，

仕事をした分だけ，その物体の運動エネルギーが変化する！

ということがわかります。これを「仕事と運動エネルギーの関係」といいます。「仕事を原因として運動エネルギーが変化する」という因果関係を表しています。仕事という物理量の意味もこれでわかりましたね。

🖐 問題

　なめらかで水平な床の上に質量 $3.0\,\mathrm{kg}$ の物体を置く。この物体に大きさ $6.0\,\mathrm{N}$ の外力を右向きに加えて $4.0\,\mathrm{m}$ だけ動かしたとき，物体の速さは何 $\mathrm{m/s}$ になるか。

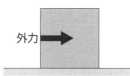

外力

📖 解説

　初め，物体は静止しているので運動エネルギーは 0 です。外力は変位の向きと同じ向きであり，その仕事は $W = Fx = 6.0 \times 4.0 = 24\,\mathrm{J}$ となります。
　よって，求める速さを v とすると，仕事と運動エネルギーの関係より，

$$\underset{\text{動かした後の運動エネルギー}}{\dfrac{1}{2}mv^2} - \underset{\text{初めの運動エネルギー}}{0} = \underset{\text{外力による仕事}}{W}$$

$$v = \sqrt{\dfrac{2W}{m}} = \sqrt{\dfrac{2 \times 24}{3.0}} = \sqrt{16} = 4.0\,\mathrm{m/s}$$

3 保存力

重力がする仕事とその経路

　質量 m の物体を高さ h のところから床まで，次の①〜④の経路に沿って運ぶ間に，「重力が物体にする仕事」を考えてみましょう。ただし，重力加速度の大きさを g とします。

①鉛直下向きにまっすぐ落下

　重力がする仕事は定義どおり，

$$mg \times h = mgh$$

となります。

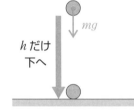

②斜面に沿って運動

　重力のうち運動の方向の成分の大きさは $mg \sin \theta$，斜面に沿って運動する距離は $l = \dfrac{h}{\sin \theta}$ なので，重力がする仕事は，

$$mg \sin \theta \times l = mg \sin \theta \times \frac{h}{\sin \theta}$$
$$= mgh$$

となります。

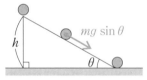

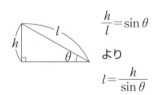

$$\frac{h}{l} = \sin \theta$$

より

$$l = \frac{h}{\sin \theta}$$

③スロープに沿って運動

　スロープの曲線を方程式で表すことも含め，数学的にもその計算は大変ですが，結果だけを述べると mgh になります。

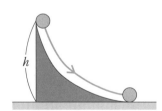

④鉛直上向きに投げ上げる

これも，結局 mgh になります。

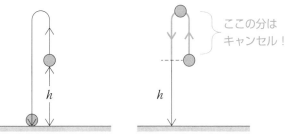

ここの分は
キャンセル！

よって，①〜④すべて，重力がする仕事は，mgh になります。

以上の例からも推測できる通り，一般に，物体が元の位置から h だけ低いところへ移動する際に重力がする仕事は，その経路によらず mgh となります。

動摩擦力がする仕事と経路

他方，例えば動摩擦力がする仕事の場合，移動する距離が長ければ長いほど，動摩擦力のする仕事の大きさも大きくなります。したがって，経路が異なれば仕事の量は異なります。

保存力

以上のことをまとめます。

「その仕事が経路によらず，初めと終わりの位置だけで決まってしまう力」を保存力といいます。保存力に限り，位置エネルギーを定義できます（次の節を参照）。

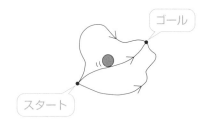

ゴール

スタート

保存力の例としては，重力・弾性力・静電気力があります。また，保存力でない力である非保存力の例としては，摩擦力・垂直抗力・空気抵抗・手の力などがあります。

👋 問題

以下の文中の 　　　 をうめる語句を，以下の選択肢から選んで答えよ。

選択肢：重力　摩擦力　弾性力　保存力　非保存力

物体が運動する際，仕事がその経路によらず決まる力を ア という。例として，イ や ウ は ア であるが，エ は ア ではない。エ のような力は オ と呼ばれる。なお，ア の場合，位置エネルギーが定義できる。

📖 解説

ア：保存力　イ，ウ：重力，弾性力　エ：摩擦力　オ：非保存力

4 位置エネルギー

重力による位置エネルギー mgh　　弾性力による位置エネルギー $\dfrac{1}{2}kx^2$

位置エネルギー

　その仕事が経路によらず，初めと終わりの位置だけで決まってしまう力を保存力というのでした。そして，保存力に限り，位置エネルギーを定義できます！　位置エネルギーは保存力ごとに定義されます。ここでは，重力と弾性力による位置エネルギーについて学びましょう。

重力による位置エネルギー

　高い位置にある物体は，落下して床に穴をあけるなど，それ相応，何かしらの仕事をする能力をもっています。これを重力による位置エネルギーといいます。高い位置にある物体が落下を始めると，重力によって仕事をされて運動エネルギーを獲得するので，その分だけ仕事をする能力をもつようになります。

　質量 $m\,[\mathrm{kg}]$ の物体が基準面からの高さ $h\,[\mathrm{m}]$ のところにあるときにもつ重力による位置エネルギー U は，

$$U = mgh\ [単位：\mathbf{J}]$$

と表されます。これは，物体が基準面まで移動する間に重力にされる仕事に等しいです。つまり位置エネルギーとは，いわば，重力に仕事をしてもらえる権利のようなものです。

　なお，基準面は問題に合わせて自由にとってよいです。また，物体が基準面より上にある場合は位置エネルギーは正，下にある場合は位置エネルギーは負となります。

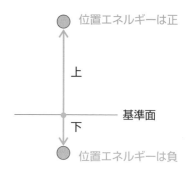

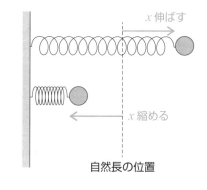

弾性力による位置エネルギー

　伸びた，または縮んだばねにつながれた物体は，ばねが自然長の位置に戻る向きに加速され，運動エネルギーをもつようになります。つまり，伸びた，または縮んだばねは，仕事をする能力をもっているということです。これを弾性力による位置エネルギー（弾性エネルギー）といいます。

　ばね定数 $k\,[\mathrm{N/m}]$ のばねが自然長から $x\,[\mathrm{m}]$ だけ伸びた，または縮んだときにもつ弾性力による位置エネルギー U は，

$$U = \frac{1}{2}kx^2 \;\; [\text{単位：J}]$$

となります。

力学的エネルギー

　運動エネルギー，重力による位置エネルギー，弾性力による位置エネルギーの和を力学的エネルギーといいます。

🖐 問題

（1）床からの高さが $5.0\,\mathrm{m}$ のところに，質量 $2.0\,\mathrm{kg}$ の物体がある。この物体がもつ重力による位置エネルギーは何 J か。ただし，重力加速度の大きさを $9.8\,\mathrm{m/s^2}$，床を位置エネルギーの基準面とする。

（2）ばね定数 $3.0\,\mathrm{N/m}$ のばねを自然長から $4.0\,\mathrm{m}$ 伸ばしたとき，弾性力による位置エネルギーはいくらか。

📖 解説

（1）$U = mgh$

$\quad\quad = 2.0 \times 9.8 \times 5.0 = \underline{98\ \mathrm{J}}$

（2）$U = \dfrac{1}{2}kx^2$

$\quad\quad = \dfrac{1}{2} \times 3.0 \times 4.0^2 = \underline{24\ \mathrm{J}}$

5 力学的エネルギー保存の法則

保存力のみが仕事をする過程では，エネルギーが保存！

重力による仕事と運動エネルギー

　例として，自由落下を仕事の観点から考えます。質量 m の物体が重力加速度で落下したとします。つまり，重力 mg を受けながら落下する状況です。点 A$(y=y_1)$ を通過するときの物体の速さを v_1，点 B$(y=y_2)$ での速さを v_2 とします。AB 間の距離は y_1-y_2 となることに注意しましょう。

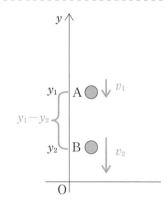

　仕事と運動エネルギーの関係から，

$$\underbrace{\frac{1}{2}mv_1{}^2}_{\substack{\text{点 A での}\\\text{運動エネルギー}}}+\underbrace{mg(y_1-y_2)}_{\substack{\text{重力がした}\\\text{仕事}}}=\underbrace{\frac{1}{2}mv_2{}^2}_{\substack{\text{点 B での}\\\text{運動エネルギー}}}$$

添え字が「1」のものを左辺に，添え字が「2」のものを右辺に移項して整理すると，

$$\underbrace{\frac{1}{2}mv_1{}^2+mgy_1}_{\text{点 A での値}}=\underbrace{\frac{1}{2}mv_2{}^2+mgy_2}_{\text{点 B での値}}$$

となり，両辺とも「$\frac{1}{2}mv^2+mgy$ の形」になっていることがわかります。つまり，

> 「点 A を通過するときの $\frac{1}{2}mv^2+mgy$ の値」と
>
> 「点 B を通過するときの $\frac{1}{2}mv^2+mgy$ の値」は等しい。

ということです！

これは，点Aと点Bを通過する瞬間だけでなく，点Aと点Bの途中の間ずっとそうなります。$\frac{1}{2}mv^2$ と mgy，それぞれの値だけでは何もいえませんが，「$\frac{1}{2}mv^2 + mgy$ というカタマリの値は変化しない！」ということです。

そして，物理では，何かしらの量が一定で変化しないことを「保存する」といいます。つまり，自由落下の場合，

$$\frac{1}{2}mv^2 + mgy \text{は保存する。}$$

といえます！

力学的エネルギー保存の法則

まとめます。保存力のみが仕事をするとし（保存力は p.58 を参照），物体が点Aを通過するときの位置エネルギーを U_A，点Bを通過するときの位置エネルギーを U_B とすると，

$$\frac{1}{2}mv_A{}^2 + U_A = \frac{1}{2}mv_B{}^2 + U_B$$

が成り立ちます。保存力として，重力と弾性力が仕事をする過程では，上式の U には位置エネルギー mgh や $\frac{1}{2}kx^2$ が入ります。まとめると，

> 保存力のみが仕事をし，その他の力が仕事をしない場合，その物体がもつ力学的エネルギーは保存する。
>
> $$\frac{1}{2}mv^2 + mgh + \frac{1}{2}kx^2 = \text{一定}$$

注意！

仮に保存力以外の力が作用しても，その力が仕事をしなければ，力学的エネルギーは保存します（例えば，物体が床に沿って運動する場合，床からの垂直抗力は仕事をしません）。

非保存力がはたらく場合

摩擦力や手の力などは非保存力。これらの力による仕事が発生する場合，力学的エネルギーは保存しません！

実際，初めの自由落下の例に，非保存力による仕事 W' が加わると，

$$\frac{1}{2}mv_1{}^2 + mg(y_1 - y_2) + W' = \frac{1}{2}mv_2{}^2$$

$$\underbrace{\frac{1}{2}mv_1{}^2 + mgy_1}_{\text{点 A での値}} + W' = \underbrace{\frac{1}{2}mv_2{}^2 + mgy_2}_{\text{点 B での値}}$$

となり，点 A と点 B での $\frac{1}{2}mv^2 + mgy$ の値は，非保存力による仕事 W' の分だけずれることがわかります。

問題

次の問いに答えなさい。ただし，重力加速度の大きさを g とする。

（1）床からの高さ h の位置から自由落下した物体の，床に着く直前の速さを求めよ。

（2）右図のようになめらかな水平面上で，質量 m の物体を，ばね定数 k のばねに押し当ててばねを自然長から x だけ縮めた。その後，物体を静かにはなした。

ばね　物体

- （a）ばねから離れた後，水平面上を運動する物体の速さを求めよ。
- （b）（a）の後，物体が上りうる水平面からの高さはいくらか。

ポイント

力学的エネルギー保存の法則で考える！

解説

（1）物体の質量を m，h だけ落下したときの速さを v，床を位置エネルギーの基準として，力学的エネルギー保存の法則より，

$$\frac{1}{2}mv^2 = mgh \quad \text{よって，} \quad v = \sqrt{2gh}$$

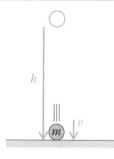

（物体の質量は答えそのものには現れませんが，立式の際には必要となるので，速さだけでなく質量も自分で m などとおいて進めます。）

（2）

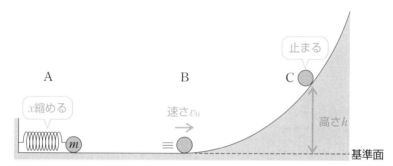

（a）図の A と B の状態を見比べる。B での物体の速さを v_0 として，力学的エネルギー保存の法則より，

$$\underbrace{\frac{1}{2}mv_0{}^2}_{\text{Bのとき}} = \underbrace{\frac{1}{2}kx^2}_{\text{Aのとき}}$$

よって，$v_0 = x\sqrt{\dfrac{k}{m}}$

（b）図の B と C でもよいですが，A と C を見比べた方が早いです。C での物体の水平面からの高さを h，水平面を位置エネルギーの基準として，力学的エネルギー保存の法則より，

$$\underbrace{mgh}_{\text{Cのとき}} = \underbrace{\frac{1}{2}kx^2}_{\text{Aのとき}}$$

よって，$h = \dfrac{kx^2}{2mg}$

1 熱と温度

熱はエネルギーの1形態！
温度には2種類の測り方がある！

　我々はふだん，熱い冷たいといった感覚をもって生活しています。また，何かを温めるためには，火などの熱いものに触れさせてやらなければならないことを知っています。では，その熱い冷たいといった概念や温めるという現象は，どうとらえればよいのでしょうか。

熱

　湯飲みに入れたお湯をほうっておくと，その温度は徐々に下がってしまいます。逆に，周りのものの温度は上がります。

　この，温度が上がったり下がったりするときに移動するものを熱といいます。また，その量を熱量といいます。熱は，エネルギーの1形態です。上の例で湯飲みの温度が下がるのは，湯飲みとお湯から熱が周りの空気やテーブルなどに出ていってしまうからです。だからこそ，逆にテーブルなどは温かくなりますね。

　熱というエネルギーのいちばんの特徴は「温度の高い方から低い方へと移動する」こと。よって，ある物体をそれより温度の高いものに触れさせれば，物体に熱が入ってきます。また逆に，それより温度の低いものに触れさせれば熱が物体から出ていきます。

温　度

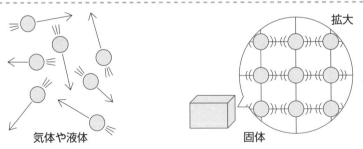

気体や液体　　　　　　　固体　　　　　　拡大

　実は，目には見えませんが，気体でも液体でも，そして固体でも，物質を構成する分子や原子は乱雑な運動を絶えず行っています。この運動を「熱運動」といいます。気体や液体の場合は走り回っているイメージ，固体の場合は，周りの分子と結合しつつ，その場で振動しているイメージです（これを「熱振動」といいます）。

温度は原子や分子の熱運動の激しさを表す物理量

であり，高温，つまり熱い状態では原子や分子の運動は激しく，個々の原子や分子がもつ運動エネルギーが大きい状態となっています。逆に低温の（冷たい）場合，原子や分子の運動は緩やかで，運動エネルギーが小さい状態なのです。

2種類の温度

温度の測り方には2種類あります。

セルシウス温度：我々がふだんの生活で使っている温度。1気圧のときに水が氷になる温度を0℃，水が沸騰する温度を100℃と定め，100等分して目盛りをとったもの。[単位：℃]

絶対温度：絶対零度（−273℃）を基準（ゼロ）とし，目盛りのとり方はセルシウス温度と等しく定めた温度。[単位：K]

絶対温度 T [K] とセルシウス温度 t [℃] の関係は，

$$T = t + 273$$

🖐 問題

以下の空欄に当てはまる語句・数値を答えよ。

（1）は熱運動の激しさを表し，単位は℃かKを用いる。温度が高いほど，分子がもつ運動エネルギーは（2）。温度にはセルシウス温度と（3）温度がある。400 K は（4）℃で，400℃は（5）K である。

📖 解説

（1）温度　（2）大きい　（3）絶対

（4）400 K ＝ t [℃] ＋273 より，$t = 400 - 273 = $ 127℃

（5）T [K] ＝ 400℃ ＋273 より，$T = $ 673 K

② 比熱と熱容量

比熱は物質ごとに，熱容量は物体ごとに定まる。

温めやすさ

物体によって，温めやすさは異なります。ここでは，温めやすさを数値化するためにどうすればよいか，を考えましょう。

比　熱

金属はすぐに温まるイメージですが，水はなかなか温まりませんね。物質の種類によって，温めやすいものと温めにくいものがあります。

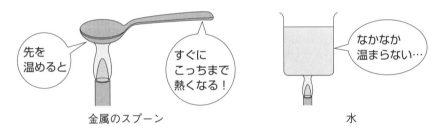

先を温めると

すぐにこっちまで熱くなる！

金属のスプーン

なかなか温まらない…

水

様々な物質に対して，同じ 1 K だけ温めるためにどれほど熱量が必要かを考えたい場合，その物質の量によっても必要な熱量は異なるため，同じ量どうしで比べなければ意味がありません。そこで，基準となる量を 1 g にして考えます。

> **ある物質 1 g の温度を 1 K 上げるために必要な熱量**

を，その物質の「比熱」といいます（単位 $[\mathrm{J/(g \cdot K)}]$）。
例　水：$4.2\,\mathrm{J/(g \cdot K)}$　氷：$2.1\,\mathrm{J/(g \cdot K)}$　銅：$0.38\,\mathrm{J/(g \cdot K)}$
　　アルミニウム：$0.90\,\mathrm{J/(g \cdot K)}$

比熱を用いると，

> **比熱 $c\,[\mathrm{J/(g \cdot K)}]$ の物質 $m\,[\mathrm{g}]$ の温度を $\Delta T\,[\mathrm{K}]$ 上げるのに必要な熱量 $Q\,[\mathrm{J}]$ は，**
>
> $$Q = mc\Delta T$$

という式にまとめられます。比熱が**大きい**物質の方が温めるために必要な熱量が大きく**温めにくい**ので，比熱の大きさは，その物質の**温めにくさ**を表すと思ってよいでしょう。

熱容量

同じ1K温めるとしても，その物体が何でできているのか，また，その量や大きさによっても1K温めるのに必要な熱量は異なります。

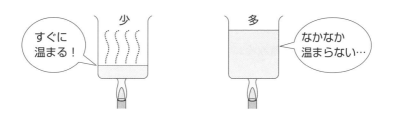

そこで，

> **ある物体やある量の物質の温度を1K上げるために必要な熱量**

を，その物体の「熱容量」といいます（単位 [J/K]）。この熱容量の中には，比熱や量の情報が含まれています。これを用いて

> **熱容量 C [J/K] の物体の温度を ΔT [K] 上げるために必要な熱量 Q [J] は，**
>
> $$Q = C\Delta T$$

なお，熱容量 C [J/K] と比熱 c [J/(g・K)] の関係は，
$C = mc$ となります（大文字・小文字のCに気をつけてくださいね！）。

👆 問題

水の比熱は 4.2 J/(g・K)，氷の比熱は 2.1 J/(g・K) である。同じ質量の水と氷に対して単位時間に与える熱量が等しい場合，温度上昇が速いのは　ア　の方である。また，水 200 g の熱容量は　イ　J/K で，水の温度を 10℃ 上げるために必要な熱量は　ウ　J である。

📖 解説

ア：比熱が小さい方が先に温まるので，氷

イ：$C = mc$ より，水の熱容量は，$200 \times 4.2 = \underline{840 \text{ J/K}}$

ウ：$Q = C\Delta T$ より，必要な熱量は，$840 \times 10 = \underline{8400 \text{ J}}$

3 熱量保存則

熱量にも保存則がある。

熱の流れ

第1節でも触れましたが，湯飲みに入れたお湯をほうっておくと，その温度は徐々に下がって冷めてしまいます。

またこのとき，テーブルを触ってみると温かくなっていたり，湯飲みの周りの空気が温かかったりします。この原因は，湯飲みとお湯から熱が周りの空気やテーブルなどに出ていってしまうからでした。つまり熱は，単に他の物体に移っているだけであり，消えてしまうわけではないのです。

熱量保存則

高温の物体Aと，それよりは低温の物体Bを接触させるとき，2つの物体間で熱量のやりとりがあり，やがて物体Aと物体Bはともに同じ温度に落ち着き，それ以上温度は変化しなくなります。この状態を熱平衡状態といいます。

この間，物体Aから物体Bへ熱が移動しますが，その際，熱が外に漏れず2つの物体間でのみやりとりされる場合，必ず，

$$\text{Aが失った熱量} = \text{Bが受け取った熱量}$$

が成立します。これを熱量保存則といいます。熱は単に移動するだけで消えてはいません。AとB全体としては保存するわけです。

問題

　断熱性の容器に入れた温度 10℃ の水 45 g に，質量 14 g で温度 99℃ の鉄球を入れて十分な時間が経過すると，水と鉄球はともに何℃ になるか。ただし，水の比熱を 4.2 J/(g·K)，鉄の比熱を 0.45 J/(g·K) とする。また，水の蒸発の影響や断熱容器の熱容量は無視できるものとする。

解説

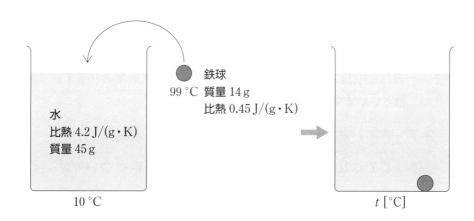

　断熱性の容器を使っているので，純粋に水と鉄球の間でのみ熱量のやりとりがあるだけで，熱量は保存します。したがって，温度が変わる過程で鉄球が失った熱量がそのまま水の得た熱量となります。なお，熱量は質量 m，比熱 c を用いて $Q=mc\Delta T$ と表せることを使います。

　最終的な温度を t[℃] として，熱量保存則より，

$$\underbrace{45\times4.2\times(t-10)}_{\text{水が得た熱量}}=\underbrace{14\times0.45\times(99-t)}_{\text{鉄球が失った熱量}} \quad \leftarrow \boxed{Q=mc\Delta T}$$

両辺を 0.45 で割り，また 14 で割ります。

$$\underbrace{45}_{0.45\text{で割る}}\times\underbrace{4.2\times(t-10)}_{14\text{で割る}}=\underbrace{14}_{14\text{で割る}}\times\underbrace{0.45\times(99-t)}_{0.45\text{で割る}}$$

$$100\times0.3\times(t-10)=1\times1\times(99-t)$$

$$30t-300=99-t$$

$$31t=399$$

よって，$t=\underline{13℃}$

4 潜　熱

ポイント!!

状態変化にも熱が必要！

物質の三態

　容器に入れた氷を火にかけるなどして温めていくと，とけて水になり，やがては湯気が出てきます。これは，水という物質の状態が固体から液体へ，そして気体へと変化していくからです。一般に，物質には**固体・液体・気体**の3つの状態があります。これらを合わせて**物質の三態**といいます。

固体：分子，原子が互いにしっかりと結合している状態。

液体：固体ほどではないが，各原子・分子どうしが結びついてはいるので，
**　　　バラバラにはならない状態。**

気体：ほとんど結合せず，各分子が自由な速度で飛び回っている状態。

潜　熱

　上で述べたような形で氷に熱を与えるとき，加熱時間に対して温度がどう変わっていくかを観測すると，次のグラフのようになります。

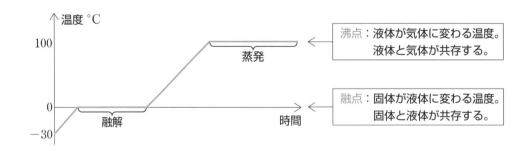

途中，0℃と100℃のところで，しばらく温度が一定となっていることがみてとれると思います。このとき，何が起きているのでしょうか。加熱は続けているので，この間に与えた熱がまるでどこかへ消えてしまったかのようです。

固体　　→融解→　　液体　　→蒸発→　　気体

　実は，この間に与えた熱はすべて状態変化に使われます。このように，状態変化の際に物質に出入りする熱を潜熱といいます。氷が0℃（これを融点という）に達すると融解が始まります。融解の間は，すべての氷が液体の状態になるまで温度は上がりません！　すべて融解し液体となると，再び温度が上昇し始めます。また，100℃（これを沸点という）に達すると沸騰して液体であった水は気体に変わっていきます。ここでも，すべてが気体になるまで温度は上がらず，すべてが気体になると温度が上昇していきます。

> 融解：固体から液体への変化。
>
> 蒸発：液体から気体への変化。液体の表面で起こる。沸点に達していなく
> 　　　ても起こる。
>
> 沸騰：温度が沸点に達して気体に変わる現象。液体の表面だけでなく，液
> 　　　体の内部でも起こる。

融解熱と蒸発熱

　潜熱には，次の2つがあります。なお，ふつう1gあたりで考えます。[単位：J/g]

> 融解熱：固体が液体に変わるために必要な熱。
>
> 蒸発熱：液体が気体に変わるために必要な熱。

問題

　氷の融解熱を 3.3×10^2 J/g とする。0℃の氷20gをすべて0℃の水にするために，加えなければならない熱量はいくらか。

解説

$$Q = 3.3 \times 10^2 \times 20 = \underline{6.6 \times 10^3 \text{ J}}$$

5 内部エネルギー・仕事

ポイント!!

内部エネルギーと仕事を理解する!

内部エネルギー

　ある容器内にある気体の分子は、飛び回っているのでそれ相応の運動エネルギーをもっています。理想気体の場合、気体分子がもつ運動エネルギーの総和を内部エネルギーといいます。これは温度だけで決まる量です。

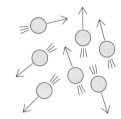

注意!

　実在の気体の場合、分子間にはたらく力などが存在し（理想気体の場合、これらの力は無視）、その力に関わる位置エネルギーも存在します。よって、実在気体の場合は運動エネルギーだけでなく、その他の位置エネルギーなどもすべて含めたエネルギーの和を内部エネルギーといいます（以下、本書では主に理想気体のみを扱います）。

発展!

　単原子分子理想気体の場合、内部エネルギーは、次のように表せます。

$$U = \frac{3}{2}nRT$$

（U：内部エネルギー [J]　n：物質量 [mol]
R：気体定数 [J/(mol・K)]　T：温度 [K]）

気体が外へする仕事

　気体は温めると膨張するので、図のように、それを利用して物を持ち上げることができます。つまり、外へ仕事をすることができます。

　気体は、気体が膨張するときには正の仕事を、圧縮されるときには負の仕事をします。

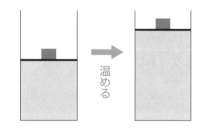

温める

気体が「する」仕事と「される」仕事

シリンダー内に気体を入れ，ピストンを押し込むと，ピストンが気体に対して仕事をすることになります。この場合，気体は外から仕事をされたことになります。

一般に，気体が仕事を「する」のと「される」のとは表裏一体で，符号が逆になります。

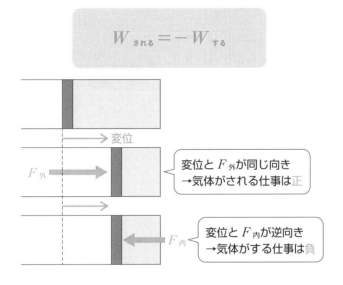

$$W_{される} = -W_{する}$$

変位と $F_{外}$ が同じ向き
→気体がされる仕事は正

変位と $F_{内}$ が逆向き
→気体がする仕事は負

🖐 問題

以下の ☐ に当てはまる語句または数値を答えよ。

気体分子は運動エネルギーをもつので，容器の内部にある気体は，それ相応のエネルギーをもつ。これを ア という。温度が上がると ア も大きくなる。また，気体に熱量を与えると，温度が上がるだけでなく膨張するので，その際，気体は仕事をする。気体が膨張する際に気体は正の仕事をし，逆に圧縮されるときには イ の仕事をする。イ の仕事をする場合，これは気体が外から正の仕事を ウ と表現することもできる。なお，体積の変化が 0 の過程では，気体がする仕事は エ である。

📖 解説

ア：内部エネルギー

イ：負

ウ：される

エ：0

⑥ 熱力学第 1 法則

熱量も含めたエネルギー保存則！

　ここまでは気体が行う仕事などについて学びました。次に，熱を含めたエネルギー全体のやりとりについて考えましょう。実は，熱をも含めたエネルギー保存則が成り立ちます。これを**熱力学第 1 法則**といいます。ただし，これには 2 種類の表現があります。W が，気体が「する」仕事を表すのか，「される」仕事を表すのかに注意してください。

熱力学第 1 法則（表現 1）

　気体が**熱量 Q** をもらい，**外から仕事 W** を「される」と，その分だけ気体の**内部エネルギー**が変化する。このときの**内部エネルギーの変化**を ΔU として，式で表せば，

$$\Delta U = Q + W$$

となります。

　これは，「外から得た熱量 Q と仕事 W の分だけ，気体がもつ内部エネルギーが変化する」という因果関係を表したものです。右辺が変化の原因，左辺がその結果を表しています。よって，気持ちとしては「Q & W ⇒ ΔU」という形で理解するとよいでしょう。

熱力学第 1 法則（表現 2）

　気体が**熱量 Q** をもらうと，一部は内部エネルギーの変化 ΔU に，残りは**気体が外へ「する」仕事 W'** に使われる。これを式で表せば，

$$Q = \Delta U + W'$$

となります。

　これは，「外から熱量 Q（お給料）をもらうと，一部は内部エネルギーとしてたくわえておき（貯金），残りは外への仕事として使う（支出）」，という意味の式です。気体を主体にして考えるとよいでしょう。

🖊 問題

　次の各過程において，指定された量を考えよ。ただし，（1）と（2）では気体に外から熱量 Q $(Q>0)$ を与えるとする。

（1）体積が一定の変化において，気体が外にする仕事はいくらか。また，内部エネルギーの変化はいくらか。

（2）温度が一定の変化において，気体が外へする仕事はいくらか。

（3）ヒーターで 4.6 J の熱量を気体に与えると，気体がゆっくり膨張し，ピストンがなめらかに右側へ移動した。このとき気体は 1.6 J の仕事をした。気体の内部エネルギーはどれだけ増加したか。

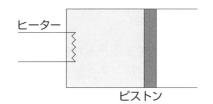

ヒーター　／　ピストン

📖 解説

ポイント

熱力学第1法則をうまく使ってエネルギーのやりとりを考える！

（1）体積の変化がないため**気体がする仕事は 0** です！

　　また，熱力学第1法則（表現1）より，

$$\Delta U = Q + 0$$

　　よって，内部エネルギーの変化は Q に等しい。

（2）温度が変化しないため，**気体がもつ内部エネルギーが変化しません！**

　　つまり，$\Delta U = 0$です。熱力学第1法則（表現2）より，

$$Q = 0 + W'$$

　　よって，気体がした仕事 W' は Q に等しい。

（3）熱力学第1法則（表現2）より，

$$Q = \Delta U + W'$$
$$4.6 = \Delta U + 1.6$$

　　よって，$\Delta U = 3.0\ \text{J}$

7 熱機関と熱効率

> **ポイント!!**
>
> **熱効率の定義をおさえる!**

熱 機 関

外から熱を取り入れて,その一部を仕事に変える装置を,一般に**熱機関**といいます。エンジンなどはその典型例です。

発展! 熱サイクル

熱機関では,同じ操作を何度も繰り返すことで熱を仕事にどんどん変えていきます。そこで,その1周分の操作を**熱サイクル**といいます。

例として,次の図2のような $A \to B \to C \to D \to A$ というサイクルを考えます(なお,図2のように気体の状態変化を,縦軸に圧力 P,横軸に体積 V をとってかいたグラフを PV 図といいます)。

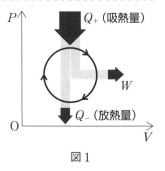

図1

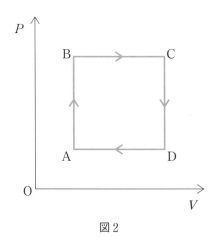

図2

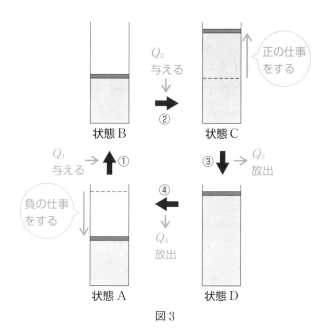

図3

各操作をくわしくみてみましょう。状態 A から始めます。

---

① A → B：ピストンを固定し，体積を一定に保って気体に外から熱量 Q_1 を加えて
温度を上げ，状態 B にする。

② B → C：ピストンの固定を解き，熱量 Q_2 を与えて膨張させて状態 C にする。

③ C → D：再びピストンを固定して，気体から熱量 Q_3 をうばって温度を下げ，状
態 D にする。

④ D → A：最後にピストンの固定を解いた状態で気体から熱量 Q_4 をうばって圧縮
し，状態 A に戻す。

これで1サイクルです。

　この4つの過程のうち，②B → C と④D → A の2つは体積の変化をともなうので仕
事が発生します。②B → C では気体は膨張するので外へ正の仕事をします。逆に，
④D → A では気体は圧縮されるので，仕事をされる，つまり，気体がする仕事は負とな
ります。また，①A → B と③C → D では体積の変化が0なので，仕事は0です。

　以上のように，このサイクルでは1周する間に気体は $Q_+ = Q_1 + Q_2$ の熱量を得て，
仕事をし，$Q_- = Q_3 + Q_4$ の熱量を放出して元の状態に戻っています。また，このとき
した仕事は正の仕事と負の仕事があります。この2つを純粋に足したもの（正の仕事から
負の仕事の分を差し引く）を，正味の仕事といいます。

熱効率

　前ページの例のように，熱サイクルではその途中，高温の物体から熱を取り入れてそれを仕事に変えますが，元の状態に戻す必要があるため，いったん上げた温度を冷ます操作も入ってきます。よって，低温の物体に熱を逃がすという操作も含まれます。つまり，どうしても無駄になる熱量というものが存在します。

　そこで，「吸収した熱量のうち，仕事に変換できた量の割合」を熱効率と定めます。

　熱効率を e，熱機関が外部にした仕事を W，熱機関が得た熱量を Q_{in}，熱機関が捨てた熱量を Q_{out} とすると，

$$e = \frac{W}{Q_{in}} = \frac{Q_{in} - Q_{out}}{Q_{in}}$$

となります。

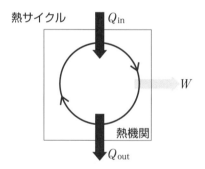

　ただし，W は前ページで述べた正味の仕事であり，サイクル1周において，熱機関がした仕事を，正のものも，負のものもすべて足し合わせたものです。これはまた，吸収した熱量と放出した熱量を用いて

$$W = Q_{in} - Q_{out}$$

とも表せるため，熱効率の表現は2つあります。

　熱効率が大きいサイクルの方が，無駄が少なく，良いサイクルであるといえます。

問題

（1）ある熱機関に 4.6×10^6 J の熱量を与えると 9.2×10^5 J の仕事をした。この熱機関の熱効率は何%か。

（2）ある熱機関に熱量 7.2×10^6 J を与えると，5.4×10^6 J の熱量が外に放出された。この熱機関の熱効率は何%か。

解説

右の図を参照。

（1）$e = \dfrac{W}{Q_{\text{in}}}$

$= \dfrac{9.2 \times 10^5}{4.6 \times 10^6}$

$= 0.20$

よって，<u>20 %</u>

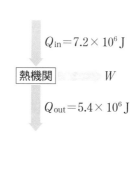

$Q_{\text{in}} = 4.6 \times 10^6$ J

熱機関 ───── $W = 9.2 \times 10^5$ J

Q_{out}

（2）$W = Q_{\text{in}} - Q_{\text{out}}$ なので，

$e = \dfrac{W}{Q_{\text{in}}}$

$= \dfrac{Q_{\text{in}} - Q_{\text{out}}}{Q_{\text{in}}}$

$= \dfrac{7.2 \times 10^6 - 5.4 \times 10^6}{7.2 \times 10^6}$

$= 0.25$

よって，<u>25 %</u>

$Q_{\text{in}} = 7.2 \times 10^6$ J

熱機関 ───── W

$Q_{\text{out}} = 5.4 \times 10^6$ J

1 波 と は

波 と は

例えば，右の上図のように，水面の1点をたたくと水面上に波紋が広がっていきます。これは，たたいた点で発生した振動が水の分子に次々と伝わっていく現象です。また，右の下図のようにひもの一端を持って上下に揺らすと，そこで生まれた振動がひもを伝わっていきます。

このように，「ある媒質に生じた振動などの運動が，周囲に伝わっていく現象」を**波**または**波動**といいます。ここで，波を伝える物質のことを**媒質**といいます。上の例ではそれぞれ水とひもが媒質です。また，上の例で，水面上のたたいた点や手で動かしたひもの端点など，波が発生したところを**波源**といいます。

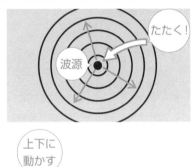

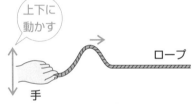

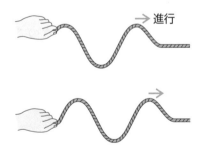

> 波源：波が発生するところ
>
> 媒質：波を伝える物質のこと
>
> 変位：媒質の各点の，振動の中心の位置からのずれ

波は運動の**スタイル**だけが伝わっていく現象で，実際にものが移動していく現象ではありません。

右の図のように，正弦波が x 軸上を進行する際，ある点の媒質粒子がどう動くのかをみてみましょう。初め，図 a のように波の先端が原点に届いた瞬間には，媒質粒子の変位は 0 です。波が少し進行して図 b の位置に来ると，媒質粒子の位置は少し上に上がっていますね。また，さらに進行して図 c の状態になると媒質粒子の位置は山の頂点となり，このとき変位は最大です。この後，図 d のように変位は小さくなっていき，やがて図 e のように元の位置に戻ります。

1 つ 1 つの媒質粒子が振動しているようすと，波の山や谷が進行していくイメージを，頭の中でつなげられるようにしましょう。

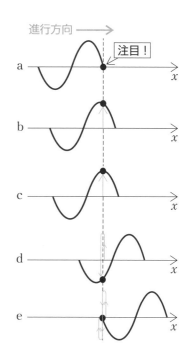

振動数と周期

媒質粒子が 1 回振動するのにかかる時間を周期といいます。また，単位時間あたりの振動回数を振動数といいます。この 2 つには逆数の関係があります。

> **周期**…媒質粒子が 1 回振動するのにかかる時間。
> **振動数**…単位時間あたりの振動回数。

$$f = \frac{1}{T}$$
（f：振動数 [Hz]　T：周期 [s]）

🖊 問題

次の文は，波に関する何について説明したものか，その語句を答えよ。
（1）波が発生するところ。
（2）波を伝える物質のこと。
（3）媒質の各点の，振動の中心の位置からのずれ。

📖 解説

（1）波源
（2）媒質
（3）変位

2 波と物理量

ポイント!!

波を表す物理量をチェック！

波を表す物理量とグラフ

波のようすを表すグラフには 2 種類のものがあります。

1 つ目は図 1 の波形グラフ。横軸は位置 x [m] です。これは，ある瞬間の波のようすのスケッチです。よって，実際に目に見えるものを描いてあります。

2 つ目は図 2 の振動グラフです。横軸は時間または時刻 t [s] です。これは，媒質中のある 1 点の振動のようす，時間に対する変位のようすを描いたものです。つまり，媒質のある 1 点だけを見つめたときに，1 秒後，媒質の変位はどうなっているのか，2 秒後，媒質の変位はどうなっているのか…を調べてグラフにしたものです。もちろん，異なる時刻は目の当たりにすることはできないので，図 2 のグラフで描かれたものは，実際に目に見えるものではありません。

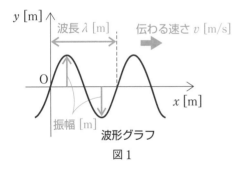

波形グラフ
図 1

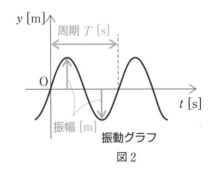

振動グラフ
図 2

また，上図にはこれらのグラフから読み取れる物理量を書き込んであります。図 1 で，変位 y [m] の最大値を振幅といいます。その名の通り，これが振動の振れ幅です。また，波は山と谷の繰り返しなので山と谷 1 セットを 1 個の波と考えた場合の，波 1 個分の長さを波長といいます。

次に図 2 で，山と谷 1 セットの幅を周期といいます。これは，ちょうど 1 回振動するのにかかる時間を表したものです。また他に，グラフに書き込めない量として，波の伝わる速さ，振動数があります。

🖐 問題

　図のように，正弦波が x 軸の正方向へ進行
している。図の状態から $2.0\,\text{s}$ 経つと，$x=0$
の変位が初めて $-0.60\,\text{m}$ となった。

（1）振幅を求めよ。

（2）波長を求めよ。

（3）周期を求めよ。

（4）$x=210\,\text{m}$ における振動のようすを表すグラフを時刻 0 から 2 周期分描け。

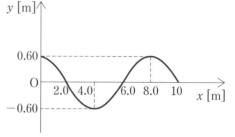

📖 解説

ポイント

　まずは，グラフから読み取れる量を徹底して読み取る！

（1）図より，振幅は $\underline{0.60\,\text{m}}$ 　　　　（2）図より，波長は $\lambda=\underline{8.0\,\text{m}}$

（3）$2.0\,\text{s}$ 経つと，0.60 であった $x=0$ の変位が初めて $-0.60\,\text{m}$ となった，つまり山
　　が谷となったので，半周期が $2.0\,\text{s}$ です。よって，周期は $T=\underline{4.0\,\text{s}}$

（4）振動グラフを描け，という問題です。まず，$x=210\,\text{m}$ について考えます。波は
　　1 波長ごとに同じ状態を繰り返すので，$x=210\,\text{m}$ を波長 $\lambda=8.0\,\text{m}$ で割って整理
　　すると，

$$210=208+2=8.0\times26+2.0=26\lambda+2.0\,[\text{m}]$$

となります。つまり，$x=210\,\text{m}$ の点は $x=2.0\,\text{m}$ から
26λ 進んだところなので，$x=2.0\,\text{m}$ と常に同じ状態にな
ります（これを同位相といいます）。よって，$x=2.0\,\text{m}$
の媒質粒子の振動グラフを考えればよいのです。

問題文中の図から，$x=2.0\,\text{m}$ の媒質粒子は，

$t=0$ で $y=0$ かつ $t>0$ ではまず山が来て $y>0$ へ変位する

とわかるので，グラフは
右のようになります。

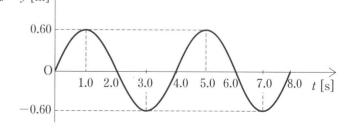

波の基本式

波の基本式は $v = f\lambda$

波の基本式

　波が1波長分だけ伝わるようすを考えます。図の点Pの媒質粒子の動きに注目してみましょう。

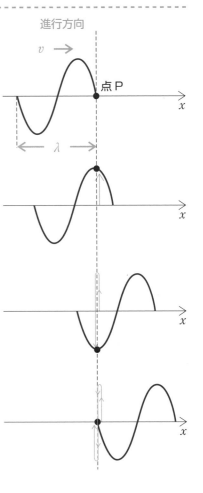

　図のように、波が1波長分通り抜けると、点Pの媒質粒子はちょうど1回振動しています。

　よって、かかった時間はちょうど1周期 T です。つまり、1周期 T の間に波は1波長 λ だけ進むとわかります。よって波の伝わる速さを v として、

$$\lambda = vT$$

(λ:波長 [m]　v:速さ [m/s]　T:周期 [s])

が成り立ちます。

　またこれは、周期と振動数の関係 $T = \dfrac{1}{f}$ を用いて整理すれば、

$$v = f\lambda$$

(v:速さ [m/s]　λ:波長 [m]　f:振動数 [Hz])

となります。これを**波の基本式**といいます。

問題

正弦波について考える。図中の実線で表された波形は時刻 $t=0\,\mathrm{s}$ でのこの正弦波のようすを表したものである。実線の波形が初めて破線の波形の位置に来るまでに $1.0\,\mathrm{s}$ かかった。波は x 軸の正の向きに進んでいるものとして，以下の問いに答えよ。

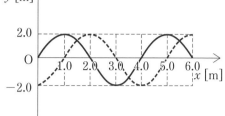

（1）波長を求めよ。

（2）速さを求めよ。

（3）振動数と周期を求めよ。

（4）時刻 $t=2.0\,\mathrm{s}$ での波形のようすを $0 \leqq x \leqq 6.0$ の範囲で図示せよ。

解説

ポイント

まずは図や問題文から，読み取れる物理量を徹底的に読み取る！

その上で，必要であれば $v=f\lambda$ などを使って計算！

（1）図から，波長は $\lambda = \underline{4.0\,\mathrm{m}}$

（2）$x=1.0\,\mathrm{m}$ にあった山に注目すると，$1.0\,\mathrm{s}$ で $1.0\,\mathrm{m}$ 進むので，

$$v=\frac{1.0}{1.0}=\underline{1.0\,\mathrm{m/s}}$$

（3）$v=f\lambda$ より，振動数は

$$f=\frac{v}{\lambda}=\frac{1.0}{4.0}=\underline{0.25\,\mathrm{Hz}}$$

$T=\dfrac{1}{f}$ より，周期は $T=\dfrac{1}{f}=\dfrac{1}{0.25}=\underline{4.0\,\mathrm{s}}$

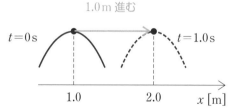

（4）$t=2.0\,\mathrm{s}$ までに，波は，

$$\underset{\text{速さ}}{1.0}\times\underset{\text{時間}}{2.0}=2.0\,\mathrm{m}$$

だけ進み，波のようすは右図の青線のようになる（または，$t=2.0\,\mathrm{s}$ は $t=0\,\mathrm{s}$ の半周期後なので，**山と谷がちょうど逆転**した図を描いてもよい）。

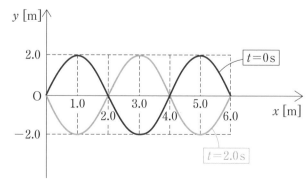

4 縦　　波

ポイント!!

縦波は進行方向と振動の方向が平行！

縦波と横波

　長いばねをばねの方向とは垂直な方向に振動させると，ばねにはロープと同じような，波の進行方向と振動の方向が垂直である横波が生じます。逆に，ばねの方向に沿って振動させると，ばねの各点がばねの方向に振動して，影のようなものが伝わっていくように見えます。

　このように，波の進行方向と振動の方向が平行な波を縦波といいます。影のようなところは，ばねが集まって密になっているところです。

> 横波：媒質の振動方向と，波の進む向きが垂直
> 縦波：媒質の振動方向と，波の進む向きが平行

　媒質の密度が最も高いところを密，最も低いところを疎といいます。縦波は，媒質粒子が密集した点（密）とまばらになった点（疎）が交互に繰り返して伝わっていくので，疎密波ともいいます。

　音波は縦波の代表例です。空気中に振動が起こると，各分子はその場で振動します。その結果，図のように分子が密になったり疎になったりを繰り返して伝わっていきます。

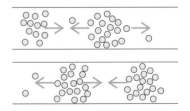

縦波のグラフ

変位を上下に起こして，横波のように描きます。正の向きへの変位を上へ，負の向きへの変位を下へと，起こして描きます。

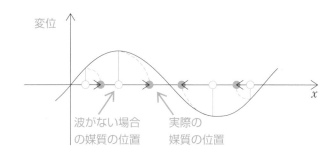

初めのばねの例のグラフを，疎密のようすもセットにして描くと，次のようになります。

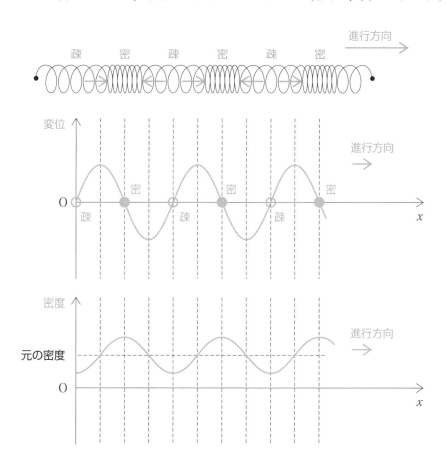

x 軸の正の向きに $3.0\,\mathrm{m/s}$ で伝わる縦波を考える。次のグラフは，その縦波のある時刻における波形を x 方向の変位を y として表したものである。

（1）振幅，波長，周期を求めよ。

（2）以下の条件をみたす位置を記号で答えよ。

    （a）この時刻において，最も密な位置

    （b）この時刻において，最も疎な位置

    （c）この時刻において，媒質の速度が x 軸の正の向きに最大

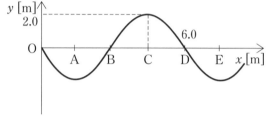

📖 **解説**

ポイント

縦波でも，グラフの読み取りは**横波と同様**にできる。それプラス，**実際の変位の向き**をチェックして，疎密を読み取ろう。

（1）まず，問題中の図から，振幅は <u>2.0 m</u>，波長は <u>6.0 m</u> と読み取れる。

    次に，波の基本式 $\lambda = vT$ より，周期は $T = \dfrac{\lambda}{v} = \dfrac{6.0}{3.0} = \underline{2.0\,\mathrm{s}}$ である。

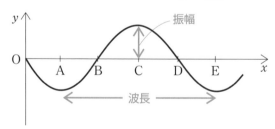

（2）媒質粒子の変位の向きをグラフに矢印で描き込むと，下図のようになる。

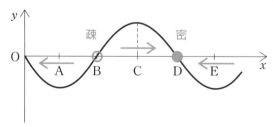

よって，（a）最も密な位置は <u>D</u>　（b）最も疎な位置は <u>B</u>

(c) まず，媒質の振動の速さが最大となるのはその瞬間に変位が 0 の点なので，A から E のうち，候補は B と D です。そのうち，この瞬間に正の向きへ移動している点はどちらでしょうか。

これを調べるためには，ほんの少しだけ時間が経過したときの波の図を描き込めばよいです。それを描いたものが，図の破線のグラフです。これを見ると，B は下，つまり負の向きへ，D は上，つまり正の向きへ変位します。よって，答えは D です。

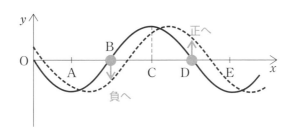

参考 音波と光波

音波は空気という媒質が振動し，それが伝わっていく縦波です。一方，光波は電磁波とよばれる，横波の一種です。

空間中に電気的・磁気的な振動が起こると，その振動が横波となって空間内を伝わっていきます。これが電磁波です。電磁波は，ガラスや水などの媒質中も伝わりますが，真空中でも伝わります。何かしらの媒質粒子が振動するのではなく，電気的・磁気的な振動そのものが伝わっていく波なので，媒質の有無によらず伝わるのです。

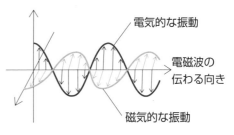

電気的な振動
電磁波の伝わる向き
磁気的な振動

電磁波の伝わる速さは，真空中では約 3.0×10^8 m/s で，媒質中では，それよりもやや遅くなります。我々の目で感知できる可視光は，電磁波のうち，波長が 3.8×10^{-7} m から 7.7×10^{-7} m 程度のもので，色の違いは波長の差によるものです。可視光は，波長の短い方から順に，次のようになっています。

紫→藍→青→緑→黄→橙→赤

また，電磁波そのものも波長 (振動数) によって分類され，波長の短い方から

γ 線 → X 線 → 紫外線 → 可視光 → 赤外線 → 電波

となっています。電磁波は，波長の短い方がエネルギーが高いので，紫外線，X 線，特に γ 線（p.137 参照）などは，少しの量でも有害となるので注意が必要です。

5 重ね合わせの原理・定在波

ポイント!!

複数の波が出合うと重ね合う！

重ね合わせの原理

媒質中のある1点に2つの波が来たとき，その点での媒質の変位 Y は，それぞれの波が単独で伝わるときの変位 y_1，y_2 の和となります。つまり，

$$Y = y_1 + y_2$$

となります。これを重ね合わせの原理といいます。また，重ね合わさってできた波を合成波といいます。

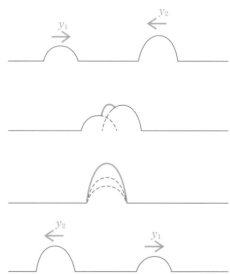

注意！

重ね合わせの原理が成り立つことが，波と粒子のいちばんの違いです。

波の独立性

2つの波が重ね合わさっている間も，2つの波はそれぞれ独立していて，互いの影響を受けずに進みます。つまり，波が重ね合わさっても，物体どうしの衝突のように，他方の波の進行を妨げたりするようなことはありません。これを波の独立性といいます。

定在波

　ある媒質を性質の等しい2つの波が互いに逆向きに伝わり重ね合わさると，どちらにも進行しない定在波（定常波）が生じます。

　右向きに進行する波と左向きに進む2つの波を重ね合わせてみましょう。この2つの波は，振幅・波長・伝わる速さなどがすべて等しく，進行方向だけが異なるとします。周期を T とし，$\dfrac{T}{4}$ ずつ時間が経ったときのようすを図示すると次のようになります。

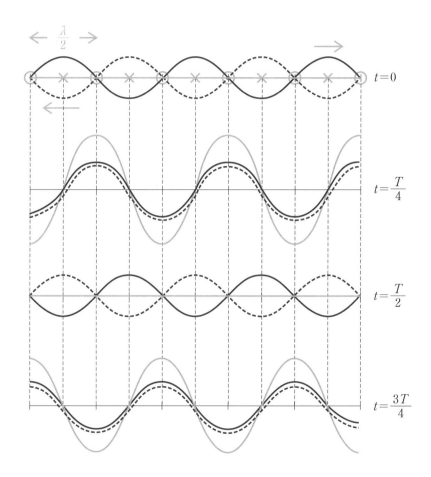

　この図のとおり，定在波にはまったく振動しない点（図の×のところ）と，最も大きく振動する点（図の○のところ）が存在します。それらの位置は移動しません。この，まったく振動しない点を節，最も大きく振動する点を腹といいます。

下図のように，x 軸上を進行する，振幅，波長，速さの等しい 2 つの波がある。一方は x 軸の正の向きへ進行する正弦波（黒線）で，他方は x 軸の負の向きへ進行する正弦波（青線）である。図は時刻 $t = 0$ s でのようすを表している。2 つの波の周期をともに T[s] として，$t = \dfrac{T}{4}$[s]，$t = \dfrac{T}{2}$[s]，$t = \dfrac{3T}{4}$[s] の合成波を図示せよ。

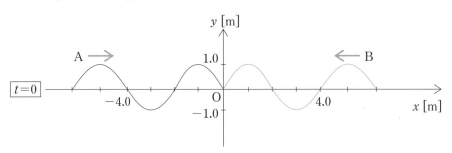

┌ ポイント ─────

まず，それぞれの波の位置を考え，その後合成！

図より，2 つの波はともに波長が 4.0 m で，$\dfrac{T}{4}$[s] で $\dfrac{1}{4}$ 波長，すなわち 1.0 m ずつ進みます。よって，

①まず，$\dfrac{T}{4}$[s] ごとに 1 目盛ずつ進んだ図（黒線の波は右へ 1 目盛，青線の波は左へ 1 目盛）を描く。

②共存している範囲では変位を合成する。

と，すればよいです。

次ページの図の太線が合成波のようすを表します。

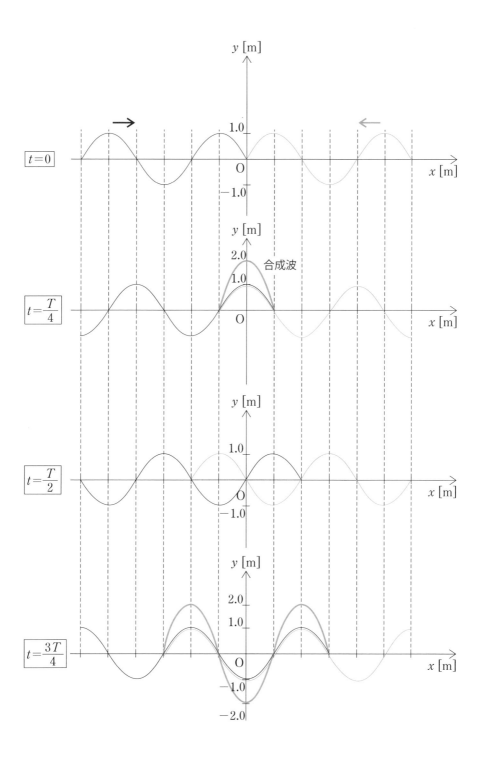

波の反射

> **ポイント!!**
>
> **自由端⇒そのまま　　固定端⇒山谷逆転**

反　射

　プールの壁際や，ロープをくくりつけてある点などに波が伝わると，その点で波は反射し，逆向きに伝わります。

　反射には，そこで媒質が振動できる自由端での反射と，媒質が一切振動しない固定端での反射の 2 種類があります。

反射する位置

自由端での反射と固定端での反射は，それぞれ次のようになります。

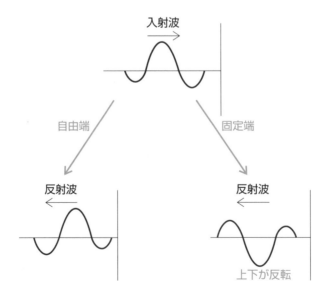

反射波の描き方

①指定された時刻において，仮に反射しなかったら入射波はどこまで進んでいたかを描く。

②反射する位置を越えた部分を，反射する位置を軸に折り返す。

③固定端反射の場合のみ，さらに上下ひっくり返す。

次の問題を通して確認しましょう。

📝 問題

　図のように x 軸上を正の向きに進行する正弦波がある。波の速さは $1.0 \, \mathrm{m/s}$ である。$x = 6.0 \, \mathrm{m}$ の位置には波の反射する位置があり，図は，入射波の先端がちょうど反射する位置へ到達した瞬間のようすを表す波形グラフである。この正弦波の反射波の先端が $x = 0$ に到達した瞬間の反射波のようすを考える。

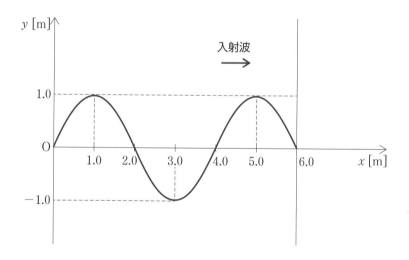

（1）反射する位置が自由端の場合の反射波のようすを図示せよ。

（2）反射する位置が固定端の場合の反射波のようすを図示せよ。

ポイント

操作①②は共通！　③は固定端反射のみ！

波の先端が $x=6.0\ \mathrm{m}$ から $x=0$ へ戻るのにかかる時間は $6.0\ \mathrm{s}$ なので，$6.0\ \mathrm{s}$ 後について考えます。

① まず，反射しなかった場合の $6.0\ \mathrm{s}$ 後の入射波のようすを描くと次の図の破線のようになる。

② 反射する位置を通り越した部分（破線部分）について，反射する位置で折り返すと，自由端の場合の反射波が描ける。

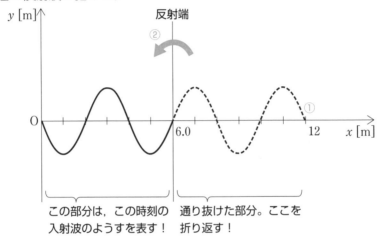

この部分は，この時刻の入射波のようすを表す！　通り抜けた部分。ここを折り返す！

（1）①と②をやった結果，自由端の場合の反射波の図は次のようになります。

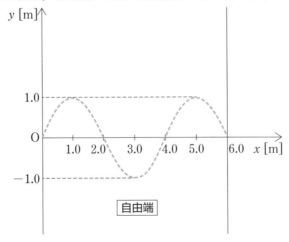

自由端

（2）固定端反射の場合，（1）で描いた自由端の場合の反射波の図を，さらに**上下ひっくり返す**（操作③）。これで反射波の図の完成です。

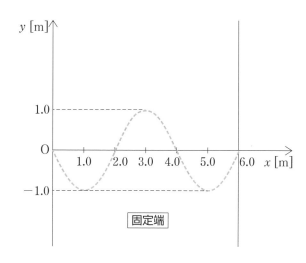

参考　合成波（ごうせい は）

　実際には，入射波と反射波が出合うと重ね合わさって $0\,\mathrm{m} \leqq x \leqq 6.0\,\mathrm{m}$ の範囲には合成波が生じます。この問題の(1)(2)の各場合について，合成波の図を描くと，次のようになります。

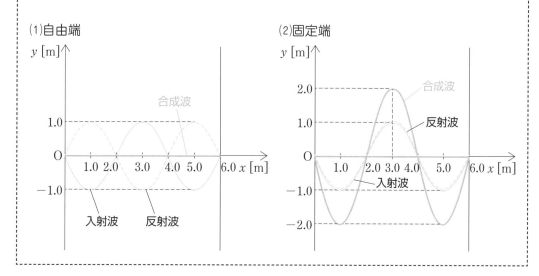

① 音　波

音波は縦波！　3つの要素を理解しよう！！

音　波

　音波は空気中を伝わる**縦波**（たてなみ）です。笛や太鼓など，音を発生させるもの（これを**音源**といいます）によってその周りの空気の分子が振動すると，空気中に圧力の高い部分と低い部分が交互に繰り返されて伝わっていきます。

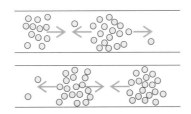

注意!　音波は空気だけでなく，水中やヘリウムガスなど他の気体でも伝わります。

音の3要素

　音には，**大きさ**，**音色**（ねいろ），**高さ**の3要素があります。

　音の大きさは，その**振幅**（しんぷく）で決まります。また，音色は波の形で決まります。ピアノの音，バイオリンの音，小鳥の鳴き声，人の声，すべて波形が異なります。特に人の声には**声紋**（せいもん）というものがあり，指紋と同様，ひとりひとり異なります。最後に，音の高さは**振動数**（しんどうすう）で決まります。振動数が大きい音は高い音，振動数が小さい音は低い音です。人の耳は20 Hz から 20000 Hz 程度を聞き取れるといわれています。また，20000 Hz を超える音波を**超音波**（ちょうおんぱ）といいます。お母さんのお腹の中にいる赤ちゃんのようすなどを見るのに使うエコー検査では，この超音波を利用しています。なお，1オクターブとは，振動数比に関わる概念（がいねん）で，振動数が2倍になると1オクターブ上，振動数が4倍になると2オクターブ上の音になります。

　音の3要素は，次の3つです。

> **音の大きさ：振幅**　　**音色：波の形**　　**高さ：振動数**

音波の伝わる速さ

音波が空気中を伝わる速さは常温では約 $340\,\mathrm{m/s}$ 程度です。例えば，雷が光って 3 秒後にゴロゴロと鳴りだした場合，その雷は $1\,\mathrm{km}$ くらい先であると予想できます。

空気中を伝わる音波の速さは温度に依存します。温度の依存度を含めると，一般に温度 $t\,[℃]$ の空気中において音波の伝わる速さ $V\,[\mathrm{m/s}]$ は，

$$V = 331.5 + 0.6\,t$$

と表されます。ただし，$331.5\,\mathrm{m/s}$ は $0℃$ での音波の速さです。

うなり

振動数がわずかに異なる 2 つの音波が同時に鳴ると，「ウォン，ウォン」というような音の強弱が聞こえます。これをうなりといいます。振動数 f_1 と振動数 f_2 の音波を同時に鳴らしたときに観測される，単位時間あたりのうなりの回数 n は，

$$n = |f_1 - f_2|$$

と，シンプルに振動数の差に一致します。

問題

（1）以下の文中の　　　をうめる語句を答えよ。

音の 3 要素について，音色は音波の　ア　で決まり，振動数によって音の　イ　が決まる。また，振幅の小さい音波の方が　ウ　音となる。

（2）$15℃$ での音速はいくらか。ただし，$0℃$ での音速を $331\,\mathrm{m/s}$ とし，温度が $1℃$ 上がるごとに音速は $0.60\,\mathrm{m/s}$ ずつ増えるものとする。

（3）$440\,\mathrm{Hz}$ と $444\,\mathrm{Hz}$ のおんさを同時に鳴らしたとき，$1.0\,\mathrm{s}$ あたりに観測されるうなりの回数はいくらか。

解説

（1）ア：波の形　イ：高さ　ウ：小さい

（2）$V = 331 + 0.60 \times 15 = 340 = 3.4 \times 10^2\,\mathrm{m/s}$

（3）うなりの回数は，振動数の差そのものなので，$444 - 440 = 4.0$ 回

② 弦の振動

ポイント!!

弦が振動しているときには定在波ができる!

弦をはじくと音がします。これはどういうことでしょうか。

弦の振動と音波

弦をはじくとまず,弦自体に横波が生じます(図1)。これが伝わって端で反射し,入射波と反射波が重ね合わさって右下の図3のような定在波ができます。

そして,弦が振動すると,周りの空気の分子をたたき,弦と同じ振動数の音波が発生し,耳に届くのです。

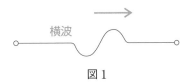

図1

注意!

この場合,弦の振動の媒質は弦,音波の媒質は空気であり,波としては別物です!

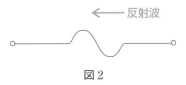

図2

弦の振動のしかた

弦をはじくと,図3のような定在波が生じます。また,弦の中央に軽く触れてはじくと,図4のような定在波ができます。実際にやってみるとわかりますが,図3のときに比べて,図4のときの方が高い音が鳴ります。

このように,弦が振動して定在波ができるときには,

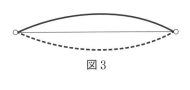

図3

両端を節とする定在波

ができます!

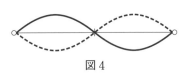

図4

固有振動と波長

物体が自由に振動するとき,その振動数は材質や形などによって決まり,このときの振動を固有振動といいます。一般に,弦が振動している状態では,上で述べた例も含め,図

5のような振動のしかたのみが存在します。定在波の腹の個数が1個，2個，3個，……，n 個となっていることに注意しましょう。

　それぞれの状態ごとに波長と振動数も異なります。腹が1つのときを基本振動の状態といいます。腹が2個の状態は基本振動の2倍の振動数で，腹が3個のときには基本振動の3倍の振動数で，腹が n 個のときには基本振動の n 倍の振動数で振動します。なので，これらをそれぞれ，2倍振動，3倍振動，……，n 倍振動の状態といいます。

　そこで以下，これらの振動状態がどうなっているかを調べてみます。

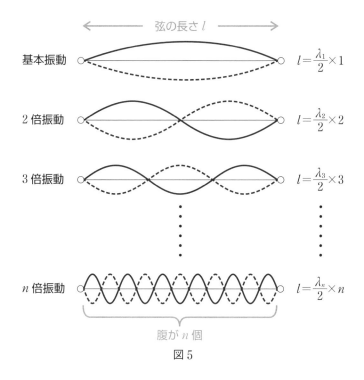

図5

　腹が1つ（基本振動）のときの波長を λ_1 とします。図より，弦の長さ l の中に半波長 $\dfrac{\lambda_1}{2}$ がちょうど1つ入る長さになっているので $l=\dfrac{\lambda_1}{2}$，波長は $\lambda_1=2l$ となります。

　同様に，2倍振動，3倍振動，……の場合は弦の長さ l の中に，半波長が2個，半波長が3個，……入っており，一般に，腹が n 個のときは，弦の長さ l の中に半波長 $\dfrac{\lambda_n}{2}$ がちょうど n 個入るので $l=\dfrac{\lambda_n}{2}\times n$

よって，波長は $\lambda_n=\dfrac{2l}{n}$ となります。

固有振動数

弦を伝わる波の速さを v とすると，前ページの波長の式と $v = f\lambda$ を用いて，固有振動の振動数である固有振動数は，

$$f_n = \frac{v}{2l} \cdot n$$

（f_n：固有振動数 $[\mathrm{Hz}]$　v：弦を伝わる横波の速さ $[\mathrm{m/s}]$

l：弦の長さ $[\mathrm{m}]$　n：定在波の腹の個数）

となります。

弦全体が振動している場合，必ずこのように表される振動数のいずれかの振動数で振動しています。特に $n=1$（腹が 1 つ）の状態を基本振動といい，その振動数は $\frac{v}{2l}$ です。これを基本振動数といいます。また，図 5 に並べた通り，$n=2$（腹が 2 つ）の状態，$n=3$（腹が 3 つ）の状態，……があり，それぞれ基本振動数 $\frac{v}{2l}$ の 2 倍，3 倍，……の振動数で振動している状態です。

参考 弦をきちんと押さえるのか，軽く触れるのか，の違いについて

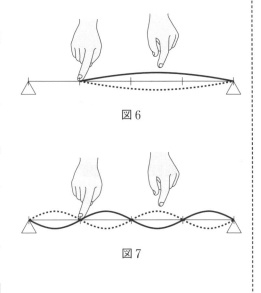

図 6 のように弦の 1 点をきちんと押さえてから右側を弾くと，弦のうち押さえた点よりも右側の部分だけが振動します。つまり，弦楽器を演奏する際は，押さえることで弦の長さを変えて音程を変えているわけです。

図 6

しかし，軽く触れてはじく場合は事情が異なります。図 7 のように弦の左端から $\frac{1}{4}$ のところを指先で軽く触れて右側をはじくと，右側だけでなく弦全体が振動します。ただ，触れた点だけは振動できないので，そこを節とする定在波が生じます。今の例では腹が 4 つの定在波になります。

図 7

🖊 問題

長さ 80 cm の弦におんさをつないで振動させると，腹が 4 つの定在波が生じた。

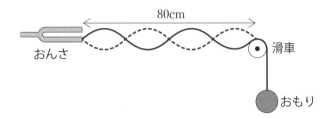

（1）生じた定在波の波長を求めよ。

（2）おんさの振動数が 5.0×10^2 Hz である場合，この弦を伝わる横波の速さを求めよ。

（3）他の条件は変えずに，振動数 1.0×10^3 Hz のおんさに変えて振動させる場合，弦に生じる定在波の腹の個数はいくつか。

📖 解説

ポイント

まずは振動のようすをイメージ！　図から，波長を読み取る！

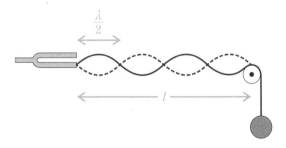

（1）図より，弦の長さ $l = 80$ cm の中に半波長 $\dfrac{\lambda}{2}$ が 4 つ入るから，

$$l = \frac{\lambda}{2} \times 4$$

よって，$\lambda = \dfrac{l}{2} = \dfrac{80}{2} = 40$ cm $= \underline{0.40\ \text{m}}$

（2）$v = f\lambda$ より，

$$v = 5.0 \times 10^2 \times 0.40 = \underline{2.0 \times 10^2\ \text{m/s}}$$

波長は cm ではなく m 単位の数値を代入します。注意しましょう。

（3）振動数を 2 倍にするので，腹の個数も 2 倍となる。よって，<u>8 個</u>

3 気柱の振動（閉管）

縦波の定在波と，その特徴をとらえる

共　鳴

空きびんなどをうまく吹くと，音が鳴ることがあります。また，ストローはふつうに吹いてもスーッと空気の流れる音がするだけですが，縦笛などは，どんなに下手な人が吹いても，音が鳴ります。これはどういうことでしょうか。

筒から音がするときは，その内部の気体が振動して，縦波の定在波が生じています。ストローをただ吹くだけでは，空気が流れるだけで振動はしません。だから音は鳴らないのです。

また，ある物体が固有振動数と等しい振動数の力を受け，大きく振動することを共鳴といいます。

図1

閉管の固有振動と波長

一般に，気柱が共鳴している状態では，

> **口を腹・底を節とする定在波**

ができています。ここでは，片側が閉じているタイプ，閉管を考えます。

閉管が共鳴しているときは，次ページの図のような振動のしかたのみが存在します。上側の図から順に定在波の節の個数が1個，2個，3個，……，n個となっていることに注意しましょう。

それぞれの状態ごとに波長と振動数も異なります。節が1つのときを基本振動の状態といいます。節が2個の状態は基本振動の3倍の振動数で，節が3個のときには基本振動の5倍の振動数，節がn個のときには基本振動の$(2n-1)$倍の振動数で振動します。なので，これらをそれぞれ，3倍振動，5倍振動，……，$(2n-1)$倍振動の状態といいます。基本振動の奇数倍のものしか存在しないことに注意しましょう。これらを式でまとめていきます。

腹が 1 つ (基本振動) のときの波長を λ_1 とします。図より，弦の長さ l の中に 4 分の 1 波長 $\frac{\lambda_1}{4}$ がちょうど 1 つ入る長さになっているので $l = \frac{\lambda_1}{4}$

波長は $\lambda_1 = 4l$ となります。

同様に，3 倍振動，5 倍振動，……の場合は弦の長さ l の中に，4 分の 1 波長が 3 個，5 個，……入っており，一般に，節が n 個のときは，弦の長さ l の中に 4 分の 1 波長 $\frac{\lambda_n}{4}$ がちょうど $(2n-1)$ 個入るので，

$$l = \frac{\lambda_n}{4} \times (2n-1)$$

よって，波長は $\lambda_n = \frac{4l}{2n-1}$ となります。

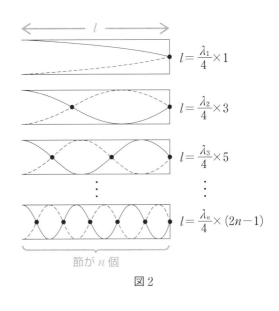

$l = \frac{\lambda_1}{4} \times 1$

$l = \frac{\lambda_2}{4} \times 3$

$l = \frac{\lambda_3}{4} \times 5$

$l = \frac{\lambda_n}{4} \times (2n-1)$

節が n 個

図 2

固有振動数

音波の伝わる速さを V とすると，上の波長の式と $v = f\lambda$ を用いて，振動数は，

$$f_n = \frac{V}{4l} \cdot (2n-1)$$

(f_n：固有振動数 $[\mathrm{Hz}]$　　V：音速 $[\mathrm{m/s}]$

l：管の長さ $[\mathrm{m}]$　　n：定在波の節の個数)

閉管では気柱が共鳴している場合，必ずこのように表される振動数のいずれかの振動数で振動しています。特に $n = 1$ (節が 1 つ) の状態を基本振動といい，その振動数は $\frac{V}{4l}$ です。これを基本振動数といいます。また，上の図 2 に並べた通り，$n = 2$ (節が 2 つ) の状態，$n = 3$ (節が 3 つ) の状態，……があり，それぞれ基本振動数 $\frac{V}{4l}$ の 3 倍，5 倍，……の振動数で振動している状態です。閉管の場合，振動数が基本振動数の奇数倍となる振動状態しかありませんので注意しましょう。

2つの注意

①開口端補正

　定在波の腹の位置は実際には，ちょうど□のところではなく，□よりやや外側です。この，□からの距離 x のことを **開口端補正** といいます。開管の場合，開口端補正は両側に同じ距離だけ考えます。

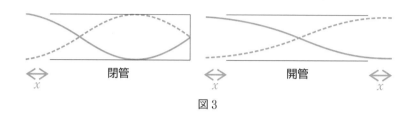

図3

②疎密の変化

　気柱の振動は，その実，内部の空気の振動，すなわち音波の話なので縦波です。よって，時間の経過とともに，**疎密の変化** が生じます。

　右の図4は，閉管の3倍振動のときを例として，$\frac{1}{4}$ 周期ずつ時間が経ったときのようすを描いたものです。音波は縦波なので，媒質粒子の変位の方向は図の上下方向ではなく，管の長さの方向（図の左右方向）です。

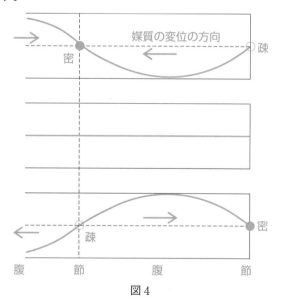

図4

　これを見ると，腹の位置はどっちつかずで大きく振動しているだけで，特に媒質粒子が集まってはいないことがわかります。一方，**節の位置は密と疎を半周期ごとに繰り返している** ことがわかります。よって，**節の位置は疎密の変化が最も激しいところ** です。

📝 問題

音波を長さ 75.0 cm の閉管に共鳴させると，図のように3倍振動の定在波が生じた。音速を 340 m/s とし，開口端補正は無視する。

（1）生じた定在波の波長を求めよ。

（2）音波の振動数を求めよ。

（3）疎密の変化が最大の点の位置を管口からの距離で答えよ。

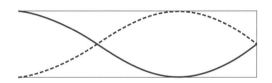

📖 解説

ポイント

図から波長を読み取る！

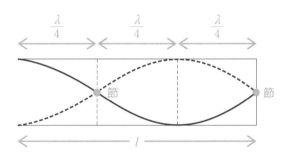

（1）図より，$l = \dfrac{\lambda}{4} \times 3$

　　よって，$\lambda = \dfrac{4}{3} l = \dfrac{4}{3} \times 75 = 4 \times 25 = \underline{100 \text{ cm}}(= \underline{1.00 \text{ m}})$

（2）$V = f\lambda$ より，$f = \dfrac{340}{1.00} = \underline{340 \text{ Hz}}$

（3）疎密の変化が激しいのは節の位置だから，管口からの距離が，

$$\dfrac{\lambda}{4} = \underline{25.0 \text{ cm}} \quad \text{と} \quad \dfrac{\lambda}{4} \times 3 = \underline{75.0 \text{ cm}}$$

のところ。

4 気柱の振動（開管）

共　鳴

開管の場合，両端が口なので，共鳴時，

口を腹とする定在波

ができています。

開管の固有振動と波長

　開管が共鳴しているときは，右下図のような振動のしかたのみが存在します。定在波の節の個数が 1 個，2 個，3 個，……，n 個となっていることに注意しましょう。

　それぞれの状態ごとに波長と振動数も異なります。節が 1 つのときを基本振動の状態といいます。節が 2 個の状態は基本振動の 2 倍の振動数で，節が 3 個のときには基本振動の 3 倍の振動数で，節が n 個のときには基本振動の n 倍の振動数で振動します。なので，これらをそれぞれ，2 倍振動，3 倍振動，……，n 倍振動の状態といいます。閉管と異なり，偶数倍のものも存在します。

　以下，振動数がどうなるかを調べてみます。節が 1 つ (基本振動) のときの波長を λ_1 とします。図より，管の長さ l の中に半波長 $\dfrac{\lambda_1}{2}$ がちょうど 1 つ入る長さになっているので $l=\dfrac{\lambda_1}{2}$，波長は $\lambda_1=2l$ となります。同様に，半波長が 2 個，3 個……となっており，一般に，節が n 個のときは，管の長さ l の中に半波長 $\dfrac{\lambda_n}{2}$ がちょうど n 個入る長さになっているので $l=\dfrac{\lambda_n}{2}\times n$

波長は $\lambda_n=\dfrac{2l}{n}$ となります。

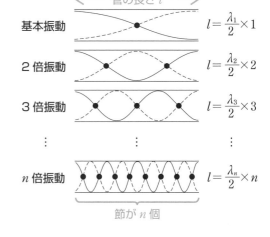

固有振動数

音波の伝わる速さを V とすると，上の波長の式と $v=f\lambda$ を用いて，振動数は，

$$f_n = \frac{V}{2l} \cdot n$$

(f_n：固有振動数 [Hz]　V：音速 [m/s]

l：管の長さ [m]　n：定在波の節の個数)

　気柱が共鳴している場合，必ずこのように表される振動数のいずれかの振動数で振動しています。特に $n=1$（節が1つ）の状態を基本振動といい，その振動数は $\frac{V}{2l}$ です。これを基本振動数といいます。また，前ページの図に並べた通り，$n=2$（節が2つ）の状態，$n=3$（節が3つ）の状態，…があり，それぞれ基本振動数 $\frac{V}{2l}$ の2倍，3倍，……の振動数で振動している状態です。開管の場合，振動数が基本振動数の整数倍となる振動状態のみが存在します。

🖐 問題

　長さ l の開管に振動数 f の音源を近づけて共鳴させると，図のように3倍振動の定在波が生じた。開口端補正は無視する。
（1）生じた定在波の波長を求めよ。
（2）音の伝わる速さを求めよ。

📖 解説

ポイント

まず，図から波長を読み取る！

（1）右図より，$\dfrac{\lambda}{2} \times 3 = l$

　　　よって，$\lambda = \dfrac{2}{3}l$

（2）$V = f\lambda$ より，$V = \dfrac{2}{3}lf$

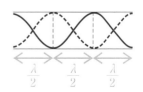

1 電気現象と電荷・自由電子

> **ポイント!!**
>
> **電気現象は，電荷が移動することで起こる。**

電荷, 帯電, 静電気

　物体は，ふつうの状態では正負の電気を同じ量だけもち，全体としては電気量0の状態となっています。しかし，髪の毛を塩ビ製の下敷きでこすったり，冬にセーターなどを着たりした場合には，**静電気**というものが発生します。これは，こすったときに生じた摩擦の影響で，片方の物体から他方の物体へ**電荷**が移動するためです。このように物体が電気を帯びることを**帯電**といいます。

電荷と力

　電荷には正負2種のものがあり，電荷の量を**電気量**といい，単位は**C(クーロン)**で測ります。そして，一般に，同じ符号の電荷の間には**斥力**が，異なる符号の電荷間には**引力**がはたらきます（この点は磁石と似ています）。

原子と電子

　少し掘り下げて考えましょう。すべての物体は原子が集まってできていますが，その原子は正の電荷をもった原子核と，負の電荷をもった電子からできています。また，原子核は正の電荷をもつ**陽子**と電荷をもたない**中性子**が集まってできています。

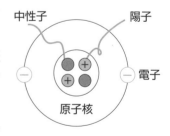

　陽子の個数と電子の個数は一致するので，原子は電気的に中性です。しかし，何かの拍子に電子がいくつか出ていってしまい**正**に帯電，または入ってきてしまい**負**に帯電することがあります。このように帯電した粒子を**イオン**といいます。正に帯電したものを**陽イオン**，負に帯電したものを**陰イオン**といいます。

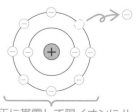

正に帯電して陽イオンに!!

　物体の帯電では，摩擦などの際，物体表面間で電子が行き来します。一方の物体には電子が入り込んで負に帯電し，他方の物体は電子が出ていったことで正に帯電します。

発展! 電気量保存の法則

　上で述べたように，電荷が移動することで一方の物体のもつ電気量が減っても，移動先の物体がもつ電気量は増えています。このように，電気量はただ移動するだけで，消え去ったり，新しく生まれたりはしません。全体量は不変です。これを電気量保存の法則といいます。

電気素量

　電子がもつ電気量は負ですが，その大きさは

$$e = 1.6 \times 10^{-19} \, [\text{C}]$$

であり，これが電気量の最小単位です。これを電気素量といいます。

導体と不導体

　金属などは，電気をよく通します。このような物質を導体といいます。導体はその内部を自由に動き回れる自由電子をもち，自由電子の流れによって，電流をよく通すことができます。

　一方，紙やゴムなど，電気を通しにくい物質を不導体または絶縁体といいます。自由電子が存在しない，つまり，電流の担い手がいないため，電気を通しません。

　なお，導体と不導体の中間の性質をもった半導体というものもあります。ケイ素などがその例です。

🖎 問題

　電気的に中性だった物体 A と物体 B をこすり合わせたら，物体 A がもつ電気量が -3.2×10^{-10} C となった。物体 B がもつ電気量はいくらになったか。ただし，電荷の移動は物体 A と物体 B の間でのみ行われるとする。

📖 解説

ポイント

電気量は保存する！

　物体 A と物体 B がもつ電気量は全体で 0 C で，電気量は保存するから，物体 B がもつ電気量は $+3.2 \times 10^{-10}$ C である。

2 電　流

> **ポイント!!**
>
> **電流の正体は，電荷の流れ！　1A＝1C/s**

電流のイメージ

まず，初めに注意です。電流について次の図1のように考えてはいないでしょうか。

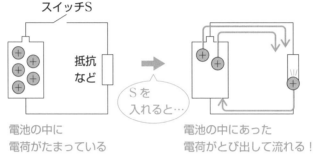

図1

これは大間違い！　電池の中に電荷がたまっているわけではありません。電池は，**起電力**という，**電流を流そうとする作用**を生むだけで，電荷を吐き出してはいません。もし電流に対し上のような考え方をもっていたら，この考え方は，今，この瞬間に忘れてください！

実際には次の図2のようになっています。

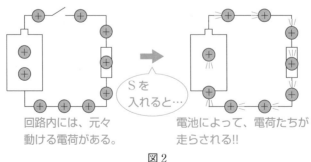

図2

そして，実際には，回路内を流れる電荷は正の電荷ではなく，**負の電荷をもつ電子**です！よって，正しくは図3のようになります。なお，「**電流の向きは正の電荷の流れる向き**」と定義されているため，電子の運動の向きと電流の向きは**逆**となります。

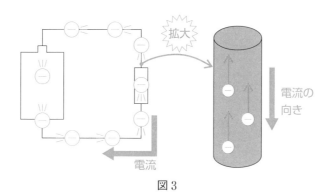

図 3

電流の強さ

次に，電流の強さについて考えましょう。例えば回路内のある点を，電子が 1 秒間に 10 個通り抜ける場合と 1000 個通り抜ける場合とでは，当然，1000 個の方が，通り抜ける電気量も多く電流という電気の流れが強い感じがしますね。そこで，**単位時間あたりに通り抜ける電気量を電流の強さ** I として定義します。通り抜けた電気量を Q [C]，時間を t [s] として，式で表せば，

$$I = \frac{Q}{t}$$

電流の単位には A(アンペア) を用います。上の定義にしたがって考えると，1 A とは，1 s で 1 C の電気量が通過するような電流の大きさのことなので，次のように表せます。

$$1\mathrm{A} = 1\mathrm{C/s}$$

🖐 問題

4.8 A の電流が流れている導線のある断面を，1 s 当たりに通過する電子の個数を求めよ。ただし，電子 1 個のもつ電気量の大きさは，$e = 1.6 \times 10^{-19}$ C とする。

📖 解説

ポイント

単位時間あたりに断面を通る電気量が電流の強さ！

求める量を n [個/s] として，$I = en$ より，

$$n = \frac{I}{e} = \frac{4.8}{1.6 \times 10^{-19}} = 3.0 \times 10^{19} \text{ 個 /s}$$

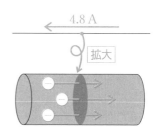

3 オームの法則

電流の大きさの計算には，オームの法則を使う。

オームの法則

　図1のように，抵抗線に電池をつなげると，回路内には電流が流れます。この電流の大きさは，

電池の電圧に比例し，

つなげた抵抗線がもつ抵抗値に反比例

します。

　よって，電池の電圧を $V\,[\mathrm{V}]$，抵抗線の抵抗値を $R\,[\Omega]$ とすると，回路を流れる電流の大きさ I は，

$$I = \frac{V}{R}$$

となります。これを**オームの法則**といいます。

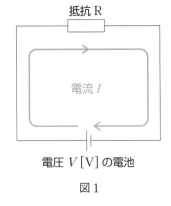

抵抗 R

電流 I

電圧 $V\,[\mathrm{V}]$ の電池

図1

抵 抗 値

　なお，抵抗線の抵抗値 R は，その長さ l に比例，断面積 S に反比例するので，

$$R = \rho\frac{l}{S}$$

と表せます。ここに出てきた比例定数 ρ は**抵抗率**といい，物質ごとに決まっている定数です（単位は $\Omega\cdot\mathrm{m}$）。つまり，電流が流れやすい物質か流れにくい物質かは，この抵抗率で決まります。

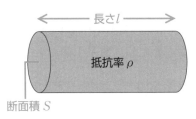

長さ l

抵抗率 ρ

断面積 S

図2

✍ 問題

　図の回路について考える。

（1）抵抗率 $1.0 \times 10^{-7}\,\Omega\cdot\mathrm{m}$，長さ $10\,\mathrm{cm}$，断面積 $100\,\mathrm{cm}^2$ の抵抗線の抵抗値を求めよ。

（2）図のように回路を組んだ場合，流れる電流の大きさ
　　　は何 A か。

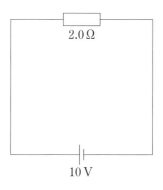

📖 解説

ポイント

　電流の大きさは，オームの法則で！

（1）抵抗値は，

$$R = \underset{\text{抵抗率}}{\rho}\ \underset{\text{断面積}}{\dfrac{\overset{\text{長さ}}{l}}{S}}$$

$$= 1.0 \times 10^{-7} \times \dfrac{0.10}{100 \times 10^{-4}}$$

$$= \underline{1.0 \times 10^{-6}\,\Omega}$$

（2）オームの法則より，

$$\underset{\text{電流}}{I} = \dfrac{\overset{\text{電圧}}{V}}{\underset{\text{抵抗}}{R}}$$

$$= \dfrac{10}{2.0}$$

$$= \underline{5.0\,\mathrm{A}}$$

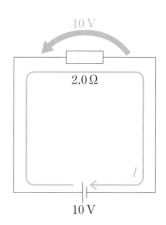

4 電 位

ポイント!!

電位は回路内の，高い・低いのイメージ！

発展！ 電位のイメージ

図1のように，電池と抵抗をつなぐと回路内には電流が流れます。この際，目には見えませんが，回路内には高いところと低いところがあります。この高さを**電位**といいます（単位は $[V]$）。例えば抵抗の場合，その両端の電位が高い方から低い方へと電流が流れます。また，この両端の電位の差を**電位差**といいます（なお，電位差の大きさのことを**電圧**といいます）。

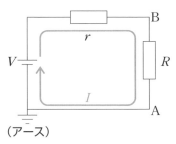

図1

電位はアースの位置を $0\,V$ として測ることが多いです。また，導線でつながれた点どうしは等電位，同じ高さです。

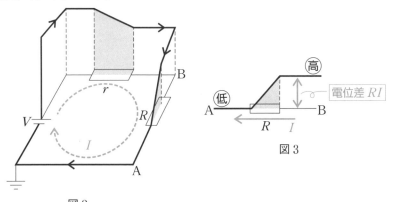

図2

図3

図1の回路の場合，電位は図2のようになっています。これをイメージするために回路内を走る電流になったつもりで回路内を進んでみましょう。

まずアースから電池までは電位は $0\,V$，1階の廊下を進むイメージです。電池をまたぐとその電圧の分だけ電位が変わります。例えば，エレベーターで一気に7階まで上がるイメージです。

その先，しばらくは導線なので同じ高さです。7階の廊下を進む。そして抵抗などがあるとそこで高さが変わります。抵抗では，電流と同じ向きに進むと電位が下がります。例えば，スロープで5階まで降りると思ってください。

その後はしばらく5階の廊下を行き，また，抵抗を通過時，下へ降ります。これで1階まで降り，回路を1周すると同じ高さに戻るのでこれで終わりです。

回路内というのはこのように，電位，つまり高い低いのつじつまが合うように流れる電流の値など，状態が決まります。

✋ 問題

図のように回路を組んで電流が流れる間の，点Aの電位を求めよ。ただし，アースの位置を電位の基準($0\,\text{V}$) とする。

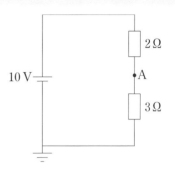

📖 解説

ポイント

回路図に電位を書き込んでいく！

まず，回路図に電位を書き込んでみると下の左図のようになります。回路を流れる電流は，オームの法則により $2.0\,\text{A}$ となるので，各抵抗にかかる電圧も計算して書き込むと，下の右図のようになります。よって，点Aの電位は $6.0\,\text{V}$ です。

左側の $10\,\text{V}$ アップ分と，右側の抵抗でダウンする分 $4.0\,\text{V}$ と $6.0\,\text{V}$ の和が一致します！

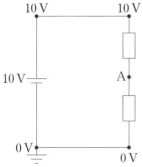 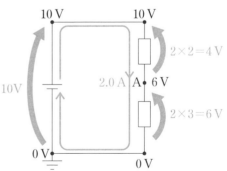

5 抵抗の合成

ポイント!!

直列⇒そのまま和！　並列⇒逆数をとって和！！

複数の抵抗の接続

　ここでは，2つの抵抗が電源につながれている場合を考えましょう。この場合，電流の大きさなどはどのように計算すればよいのか。実は，**複数の抵抗は1つにまとめて考える**ことができます。複数の抵抗を1つの抵抗に置きかえた場合，それを**合成抵抗**といいます。以下，R_1 と R_2 2つの抵抗を接続した場合を例に説明します。

直列接続

　右の図1のようなつなげ方を**直列**接続といいます。この場合，2つの抵抗に流れる電流が共通で，等しくなります。このときの合成抵抗 $R_{合成}$ は，単に**2つの抵抗の抵抗値 R_1，R_2 を足し算した値**になります！

$$R_{合成} = R_1 + R_2$$

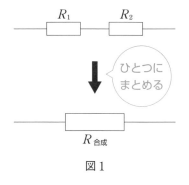

ひとつにまとめる

図1

並列接続

　一方，図2のようなつなげ方を**並列**接続といいます。この場合，2つの抵抗にかかる電圧が等しくなります。このときの合成抵抗 $R_{合成}$ は，やや複雑なのですが，いったん**2つの抵抗の抵抗値 R_1，R_2 の逆数をとって**（分数の上下を入れかえる）**から和をとります！**

$$\frac{1}{R_{合成}} = \frac{1}{R_1} + \frac{1}{R_2}$$

なお，この計算の後は，**最後にもう一度逆数をとる**のを忘れないようにしましょう。

　では，問題を通して，抵抗の合成のしかたをつかみましょう！

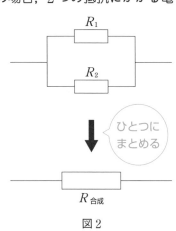

ひとつにまとめる

図2

問題

図の回路について考える。

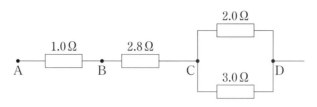

（1）AC 間の合成抵抗 R_{AC} の値を求めよ。

（2）CD 間の合成抵抗 R_{CD} の値を求めよ。

（3）AD 間の合成抵抗 R_{AD} の値を求めよ。

解説

ポイント

直列か並列かを見きわめて，ていねいに合成。

（1）**直列**なので，そのまま和をとる。

$$R_{AC} = 1.0 + 2.8$$
$$= \underline{3.8\,\Omega}$$

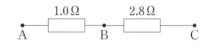

（2）**並列**なので，逆数をとってから和をとる。

$$\frac{1}{R_{CD}} = \frac{1}{2.0} + \frac{1}{3.0}$$
$$= \frac{3.0 + 2.0}{2.0 \times 3.0} \quad \leftarrow \boxed{通分！}$$
$$= \frac{5}{6}$$

再び逆数をとって，

$$R_{CD} = \frac{6}{5} = \underline{1.2\,\Omega}$$

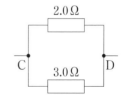

（3）R_{AC} と R_{CD} は**直列**なので，そのまま和をとる。

$$R_{AD} = R_{AC} + R_{CD}$$
$$= 3.8 + 1.2$$
$$= \underline{5.0\,\Omega}$$

6 電　力

$$P = IV = I^2 R = \frac{V^2}{R}$$

ジュール熱

例えば，ドライヤーなどには電熱線が使われています。電流を流すと電流が仕事をすることで電熱線から熱量が発生し，それを利用しているのです。なお，電流が単位時間あたりにする仕事を電力（単位は [W]）といいます。

一般に抵抗線に電流を流すと熱量が発生します。このとき出てきた熱量をジュール熱といいます。

単位時間あたりのジュール熱

図のように，抵抗値 $R\,[\Omega]$ の抵抗線に電圧 $V\,[\mathrm{V}]$ をかけ，大きさ $I\,[\mathrm{A}]$ の電流が流れている場合，抵抗線から単位時間あたりに発生するジュール熱は，

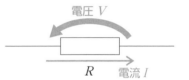

電圧 V

R　電流 I

$$P = IV$$

となります。なお，オームの法則を使って書きかえることができるので，この式は

$$P = IV = I^2 R = \frac{V^2}{R}$$

（P：単位時間あたりのジュール熱 [W]　I：電流 [A]

V：電圧 [V]　R：抵抗値 [Ω]）

と，3パターンの表し方があります。最低限，どれか1つを覚えておきましょう。

なお，この式で計算される熱量は単位時間あたりの量であることに注意！　また，単位は仕事率と同じく W（ワット）です。

ある時間でのジュール熱

$t\,[\mathrm{s}]$ 間に発生したジュール熱は，時間をかけて，

$$J = IVt = I^2Rt = \frac{V^2}{R}t$$

(J：ジュール熱 $[\mathrm{J}]$　I：電流 $[\mathrm{A}]$　V：電圧 $[\mathrm{V}]$

R：抵抗値 $[\Omega]$　t：時間 $[\mathrm{s}]$)

となります。この関係を**ジュールの法則**といいます。

また，発生したジュール熱 $[\mathrm{J}]$ と，抵抗を流れた電流がした仕事 $[\mathrm{J}]$ は等しく，これを**電力量**といいます。電力量を表す単位には，次のようなものもあります。

> 1 ワット時：$1\,\mathrm{Wh} = 1\,\mathrm{J/s} \times 3600\,\mathrm{s} = 3600\,\mathrm{J}$ （1 W で 1 時間）
> 1 キロワット時：$1\,\mathrm{kWh} = 1000\,\mathrm{Wh}$ （1000 W で 1 時間）

問題

（1）$40\,\Omega$ の抵抗に $20\,\mathrm{V}$ の電圧を加えたときの，消費電力は何 W か。

（2）$60\,\mathrm{W}$ と表示されている電化製品を $100\,\mathrm{V}$ の電源につないで使用する。流れる電流の値を求めよ。また，20 分使用した場合に消費する電力量は何 J か。それは何 kWh か。

解説

ポイント

$P = IV$ は単位時間あたりの値！

（1）$P = \dfrac{V^2}{R}$ より，$P = \dfrac{20^2}{40} = \underline{10\,\mathrm{W}}$

（2）電流は，$P = IV$ より，$I = \dfrac{P}{V} = \dfrac{60}{100} = \underline{0.60\,\mathrm{A}}$

20 分では，$P \times 20 \times \underbrace{60}_{1\text{分は }60\text{秒}} = 60 \times 20 \times 60 = 72000 = \underline{7.2 \times 10^4\,\mathrm{J}}$

$1\,\mathrm{kWh} = 3600 \times 10^3\,\mathrm{J}$ であるから，$\dfrac{7.2 \times 10^4}{3600 \times 10^3} = \underline{0.02\,\mathrm{kWh}}$

1 磁場について

ポイント!!

磁場の特徴をとらえよう。

磁極と力

　よく知られている通り，磁石には N 極と S 極という 2 種類の磁極が存在し，同種どうしでは斥力（互いに離れようとする力），異種どうしでは引力（互いに引き合おうとする力）がはたらきます。これらの力を磁気力といいます。

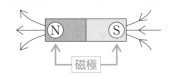

　磁石は切っても切っても，またその切断面に新たに N 極または S 極の磁極が生まれます。正・負の電荷と違って，磁極には N 極だけのものや S 極だけのものは存在しません。必ず N 極と S 極のペアで存在します。

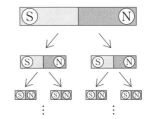

磁　　場

　磁気力が作用する空間内には，磁場と呼ばれる物理量が存在します。磁場はベクトル量であり，ある点に N 極を置いたときに N 極が力を受ける向きをその点の磁場の向きと定めます。（S 極には，磁場と逆向きに力が加わります。）

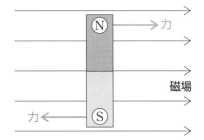

磁場と磁極

　磁極の周りには，N 極から発生して S 極に入る向きに磁場が発生し，そのようすは磁力線で表します。磁力線上の各点での接線の方向が，その点での磁場の方向を表します。

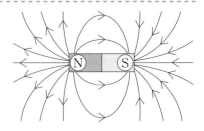

電流がつくる磁場

電流を流すと，その周りには磁場が発生します。磁場の大きさは電流の大きさに比例します。また，その向きは右ねじの法則で決まります。

例：

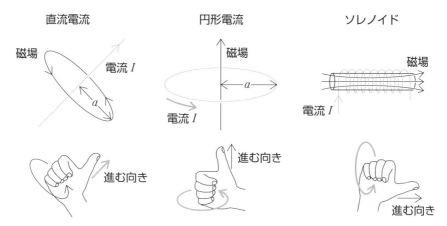

直流電流　　　　　　円形電流　　　　　　ソレノイド

右ねじの法則

右ねじとは，時計回りに回すとしまり，反時計回りに回すとゆるむねじです。ふだん我々が使っているねじは，ほとんどが右ねじです。水道の蛇口，ペットボトルのふた，シャープペンシルのパーツなどを実際に回してみて，確認してみるとよいでしょう。

右ねじを進めようとして回転させる向きは，人間の右手の形に合っています。右手の親指を立てて握った状態で，親指の向きがねじの進む向きに対応し，人差し指〜小指の向きが回転の向きに対応します。

🖊 問題

図の円形コイルに電流を流して右向きの磁場をつくるためには，電流をア・イのどちらの向きに流せばよいか。

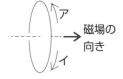

📖 解説

ポイント

右ねじの法則で考える。

イ

② 電流が磁場から受ける力

> **ポイント!!**
>
> **電流は，磁場から力を受ける！**

発展！ 磁場と力

図1のように，上向きに磁場の存在する空間内で金属棒 AB に電流を流すと，金属棒 AB には磁場からの力が作用します。その向きは，**磁場にも電流にも垂直な向き**です。この力の向きは，**フレミングの左手の法則**で説明できます。左手の人差し指に磁場の向き，中指に電流の向きを当てはめた場合に，親指が向く向きが力の向きです。

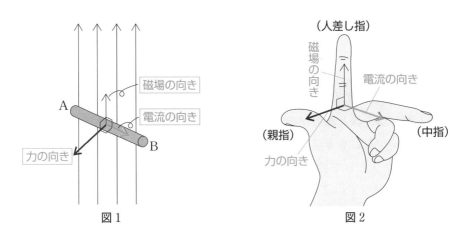

図1　　　　　　　　　　　　　　図2

モーター

モーターは，この，電流が磁場から受ける力を利用して回転します。図3のように，磁石を向かい合わせてつくった一様な磁場内にコイルを置き，電流を流します。コイルは軸に固定され回転できるようにしておきます。

電流を流すと，コイルにはフレミングの左手の法則の向きにしたがい磁場からの力が加わります。初め，図4のように辺 ab には紙面の裏から表の向きに電流が流れるとします。そうすると図4のように辺 ab には上向きの力が，辺 cd には下向きの力が加わり，コイルは前側から見て，**時計回り**に回転します。

ふつう，スリップリングというものがついていて，コイルの辺が回転軸の上を超えると電流の向きが逆になるようにしてあります。よって，辺 ab が軸の真上を通過後，辺 ab を流れる電流は紙面の表から裏，辺 cd を流れる電流は裏から表の向きに変わり，磁場か

ら受ける力は，回転と同じ向きのままとなります。

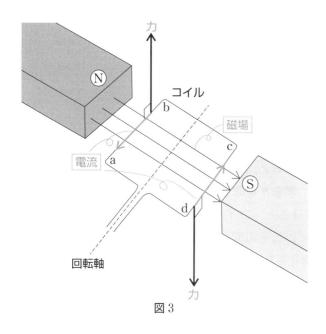

図3

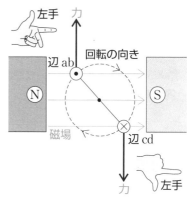

⊙…紙面に対し，裏から表
⊗…紙面に対し，表から裏

図4

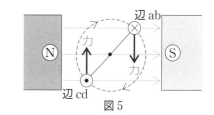

図5

✎ 問題

　図のように一様な磁場内にある金属棒 AB に電流を流すと，棒 AB に加わる力はどの向きになるか。

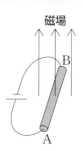

▣ 解説

ポイント

フレミングの左手の法則で考える！

電流は A → B の向きに流れるから，フレミングの左手の法則より，図の 右向き に力を受ける。

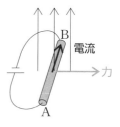

3 電磁誘導

内側を貫く磁場の変化 ⇒ 起電力

電磁誘導

コイルなど，閉じた回路に磁石を近づけると，（電池などがなくても）電流が流れることがあります。この現象を電磁誘導といいます。右図のように上から磁石のN極を近づけると，コイルの内側を通り抜ける下向きの磁場が増えますが，コイルはその変化を嫌がります。よって，上向きの磁場をつくってその変化を打ち消そうとし，コイルに電圧が生じて電流が流れます。生じた電圧を誘導起電力，電流を誘導電流といいます。

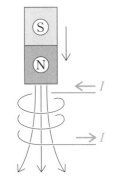

なお，コイルを近づける速さを大きくすると，電流は大きくなります。また，S極を近づけたり，図の下からN極を近づけたりと，逆向きの作用を加えると，コイルに流れる電流は逆向きになります。

発展！ 電磁誘導の向きとレンツの法則

レンツの法則：

「閉回路は，自身の内側を貫く磁力線の数の変化を打ち消す向きに起電力を生む」

①磁石を近づける　②下向きの磁力線が増える　③上向きの磁力線をつくろ
　　　　　　　　　　　　　　　　　　　　うとして電流が流れる

発展！ うず電流

穴のあいていない金属の板に磁石を近づけると，板上をグルグルと回る電流が生じます。これをうず電流といいます。次ページの図のように，板に磁石のN極を近づけると，板を下向きに貫く磁場が増えますが，それを打ち消す向きに起電力が生じ，電流が流れま

す。起電力と電流の向きは右ねじの法則で決まります。

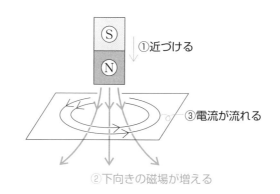

①近づける
③電流が流れる
②下向きの磁場が増える

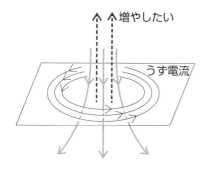

増やしたい
うず電流

磁場の向き
電流の向き
右手

📖 問題

図のように，コイルに磁石のN極を近づけたところ，←の向きに電流が流れた。次の各場合に，電流がどう変化するか答えよ。

（1）磁石のS極を上から近づける。

（2）磁石のN極を下から近づける。

（3）磁石を近づける速さを大きくする。

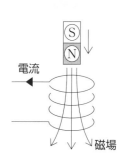

電流
磁場

📖 解説

ポイント

元の状態と比べて向きがどうなるかをまずチェック！

（1）逆向きの作用なので，電流の向きが逆になる。

（2）逆向きの作用なので，電流の向きが逆になる。

（3）誘導起電力が大きくなり，電流の大きさが大きくなる。

④ 交　流

ポイント!!

交流では，電圧・電流の向きと大きさが常に変化！
計算するときは実効値で！

交流発電機

　右図のような装置で，コイル，ま
たは磁石の対を回転させると，コイ
ルの内側を貫く磁場が常に変化し続
けます。その結果，恒常的に電磁誘
導が起き，発電できます。このよう
な装置を交流発電機といいます。生
じる電圧は大きさも向きも連続的に
変化します。

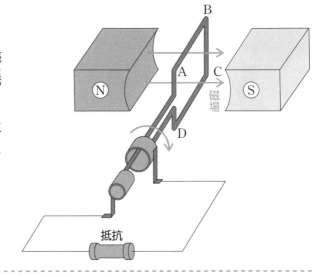

交　　流

　家庭のコンセントから得られる電
圧は，電池とは異なり，その大きさ
と向きが周期的に変化しています。
このような電圧を交流電圧といいま
す。また，このような電圧が加わっ
た場合，流れる電流の大きさと向き
も周期的に変化します。このような
電流を交流電流といいます。同じと
ころを行ったり来たりするように電
流が流れるわけです。

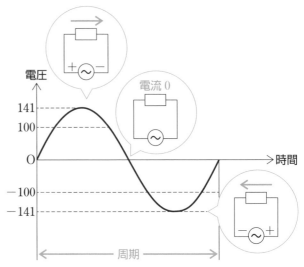

実 効 値

交流では，電力の計算を直流の場合と同じように行える実効値を使って計算を進めることが多いです。実効値を用いて，消費電力の時間平均値は，

$$P = I_e V_e$$

$(P : 電力の時間平均値 [\text{W}] \quad I_e : 電流の実効値 [\text{A}]$

$V_e : 電圧の実効値 [\text{V}])$

となります。なお，電流の計算なども，実効値で計算する場合は，直流回路のときと同様のやり方で進めることができます。

📝 問題

図のように，実効値 $60\,\text{V}$ の交流電源に $20\,\Omega$ の抵抗をつなげた回路がある。

（1）抵抗を流れる電流の実効値を求めよ。

（2）抵抗の消費電力の時間平均値を求めよ。

（3）抵抗の抵抗値を 2 倍にすると，抵抗の消費電力の時間平均値は（2）の値の何倍になるか。

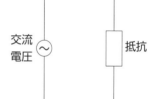

📖 解説

ポイント

実効値で計算するときは，直流のときと同じように進めることができる！

（1）$I_e = \dfrac{V_e}{R} = \dfrac{60}{20} = \underline{3.0\,\text{A}}$

（2）$P = I_e V_e = 3.0 \times 60 = 180 = \underline{1.8 \times 10^2\,\text{W}}$

（3）電流は $I_e{}' = \dfrac{V_e}{2R} = \dfrac{60}{2 \times 20} = 1.5\,\text{A}$ となるので，

消費電力の時間平均値は，

$P' = I_e{}' V_e = 1.5 \times 60 = 90\,\text{W}$ となり，（2）の結果の $\dfrac{1}{2}$ 倍となる。

5 変圧と電力輸送

$$V_1 : V_2 = N_1 : N_2$$

変圧器（トランス）

共通の鉄心に2つのコイルを通し，一次コイル側に電流を流すと，磁場を介して電磁誘導がおき，二次コイル側にも電圧が生じます（これを相互誘導という）。よって，一次コイルとは異なる電圧を二次コイルに生じさせることができます。

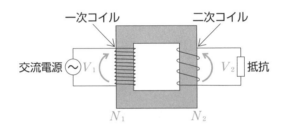

このとき，一次コイルと二次コイルに生じる電圧の比は巻き数の比で決まり，

$$\frac{V_1}{V_2} = \frac{N_1}{N_2}$$

（V_1：一次コイルの電圧 [V]　V_2：二次コイルの電圧 [V]

N_1：一次コイルの巻き数　N_2：二次コイルの巻き数）

参考　理想的な変圧器

理想的な変圧器では，変圧の前後でエネルギーの損失は0とみなせる。

$$I_1 V_1 = I_2 V_2$$

変圧器と電力輸送

発電所から各家庭に電気を送る際，その**途中の送電線**において，どうしても**電力が消費**されてしまいます。そこで，その無駄（むだ）を小さくするために，工夫が必要です。輸送（ゆそう）の途中，電圧が高い方が，無駄になるエネルギーの発生が少なくてすみます。よって輸送の際は，いったん，数万〜数十万 V 程度の高電圧にし，各家庭につく前に実効値 100 V または 200 V に下げてから供給します。電力の流れのイメージは，次の図のようになります。

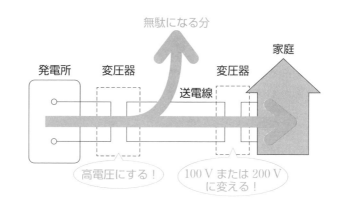

🖐 問題

図のように，巻き数 100 回の一次コイルと巻き数 500 回の二次コイルをもつ変圧器がある。一次コイルに電圧の実効値が 60 V の交流電源をつなぎ，二次コイルに電気抵抗 R をつないだ。

（1）二次コイルに生じる電圧の実効値を求めよ。

（2）R に流れた電流の実効値が 6.0 A であった。R の抵抗値はいくらか。

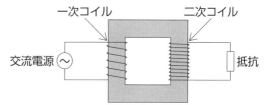

📖 解説

ポイント

電圧は，巻き数の比で決まる！

（1）$\dfrac{V_1}{V_2} = \dfrac{N_1}{N_2}$ より，$V_2 = \dfrac{N_2}{N_1}V_1 = \dfrac{500}{100} \times 60 = \underline{300\ \text{V}}$

（2）$R = \dfrac{V_2}{I} = \dfrac{300}{6.0} = \underline{50\ \Omega}$

1 エネルギーの利用

ポイント!!

エネルギー資源を使いやすい形に！

エネルギーの利用と変換

例えば，石油や石炭が単にそこにあるだけでは何もできません。燃やして水蒸気などを温めて膨張させることで力学的な仕事をさせ，ようやく利用できるわけです。

このように我々は，自然界に存在するエネルギー源（エネルギー資源，1次エネルギー）を使いやすい形（2次エネルギー）に変換して利用しています。

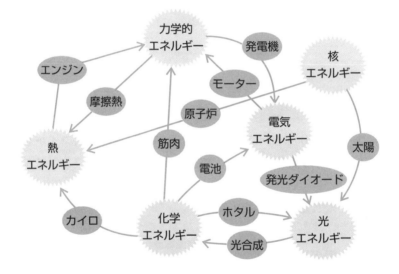

1次エネルギー：**石油，石炭，天然ガス，ウラン　など**

2次エネルギー：**電気，ガソリン，都市ガス　など**

エネルギー保存則

エネルギーの変換に際し，その途中でどんなにいろいろな形を経ても，それにかかわるすべてのエネルギーの総量は一定に保たれます。

再生可能エネルギーと枯渇性エネルギー

　エネルギー資源には限りがあります。なので，我々人間がエネルギーを使い続けられるように，永続的な資源の開発がさけばれています。例えば，風力や太陽光などは，基本的には永続的なエネルギーといえます。これらを再生可能エネルギーといいます。逆に化石燃料や核燃料などは，掘りつくしてしまえばなくなってしまうので，それらにばかり頼ることはできません。これらを枯渇性エネルギーといいます。

再生可能エネルギー
太陽光，太陽熱，風力，水力，地熱，バイオマス　など

枯渇性エネルギー
石油，石炭，天然ガス，核燃料　など

可採年数
石炭：130年くらい
石油：50年くらい
天然ガス：50年くらい
ウラン：100年くらい

✋ 問題

　次の発電は，どんなエネルギーの変換を伴うか。下の選択肢から選んで記号で答えよ。

（1）水力発電

　　| ア |　→　電気エネルギー

（2）火力発電

　　| イ |　→　| ウ |　→　| エ |　→電気エネルギー

（3）原子力発電

　　| オ |　→　| カ |　→　| キ |　→　電気エネルギー

（4）太陽光発電

　　| ク |　→　電気エネルギー

選択肢
①光エネルギー　　　②力学的エネルギー　　　③熱エネルギー
④化学エネルギー　　⑤核エネルギー

📖 解説

　ア：②　イ：④　ウ：③　エ：②　オ：⑤　カ：③　キ：②　ク：①

2 原子力

原子核の構造と放射線の種類をおさえる！

原子核の構造

原子は，原子核の周りを電子が飛んでいる，といった構造をしていましたが，では，その原子核そのものはどういった構造なのでしょうか。

原子核は正の電荷をもつ**陽子**と電荷をもたない**中性子**が集まってできています。陽子の個数を**原子番号**といいます。

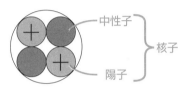

例：ヘリウムの原子核

> **陽子**：電荷 $+e$ をもつ。
>
> **中性子**：電荷をもたない。**質量は陽子と同程度。**

一般に，元素の種類は陽子の数で決まるので，原子番号が異なれば名前も変わります。また，陽子と中性子をまとめて**核子**といい，原子核を構成する核子の個数 (陽子と中性子の個数の和) を**質量数**といいます。

原子核を記号で表したいときは次のようになります。

> $${}^{A}_{Z}\text{X}$$
>
> **X**：原子（核）の元素記号
>
> **Z**：原子番号
>
> **A**：質量数

右上図のヘリウム原子核の場合，陽子2個ゆえ Z は 2，中性子2個で，核子は計4つなので A は 4，元素記号 X は He なので，${}^{4}_{2}\text{He}$ となります。

なお，核子は原子核内で**核力**というとても強い力で結びついています。

> **同位体**：**陽子の数が同じで，中性子の個数だけが異なる原子核をもつ原子。**
>
> **放射性同位体**：**放射能をもつ同位体。**

放 射 線

ウランやラジウムなど，不安定な原子核は放射線を出し，別の原子核に変わる。これを**放射性崩壊**という。自然に放射線を出す能力を**放射能**という。主な放射線には，α 線，β 線，γ 線の 3 種類がある。

放射線の種類

	正体	電荷	透過性
α 線	ヘリウムの原子核	$+2e$	小
β 線	（高速の）電子	$-e$	中
γ 線	（波長の短い）電磁波	0	大

放射能・放射線測定に関わる単位

Bq：単位時間あたり 1 回崩壊するときの放射能の強さが 1 Bq

Gy：対象となる**物体 1 kg あたりが吸収するエネルギー**が 1 J であるときの**吸収線量**が 1 Gy

Sv：吸収線量に放射線の種類などに応じた係数をかけて補正した**等価線量**の単位。または，放射線を受ける生物の組織によって影響度が異なるので，それを加味した**実効線量**を表す。

> **重要**
> Bq は放射線を出す側，Gy と Sv は放射線を受けた側の話。

🖐 問題

以下の（　　）をうめる語句を答えよ。

原子は中心にある（　①　）と，その周りを運動する電子からできている。（　①　）は正の電荷をもつ（　②　）と電荷をもたない（　③　）からできている。原子の種類は（　①　）中の（　②　）の数で決まり，この数を（　④　）という。また（　①　）中の（　②　）の数と（　③　）の数の和を（　⑤　）という。同じ元素の原子であっても，（　⑤　）が異なる原子があり，これらを互いに（　⑥　）という。

ウラン U やラジウム Ra などの（　①　）は自然に放射線を出しながら別の（　①　）に変わっていく。この現象を（　①　）の崩壊という。（　①　）が自然に放射線を出す性質を（　⑦　）という。放射線には α 線，β 線，γ 線などがあるが，α 線はエネルギーの大きな（　⑧　）の流れ，β 線はエネルギーの大きな（　⑨　）の流れ，γ 線は波長の短い（　⑩　）である。（　⑦　）の強さは単位時間あたりに崩壊する（　①　）の数で表し，毎秒 1 個の（　①　）が崩壊するような（　⑦　）の強さを 1（　⑪　）という。

2017 年　北海道医療大学

📖 解説

①原子核　②陽子　③中性子　④原子番号　⑤質量数　⑥同位体　⑦放射能　⑧ヘリウム原子核　⑨電子　⑩電磁波　⑪ベクレル（Bq）

1 三角比

力や速度の分解をする際に必要な，三角比について確認しましょう。

三角比の定義

図のような辺の長さ r，a，b，角度 θ の直角三角形に対して辺の長さの比を，

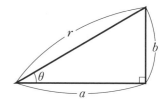

$$\cos\theta = \frac{a}{r} \quad \sin\theta = \frac{b}{r} \quad \tan\theta = \frac{b}{a}$$

と表します。

コサインとサインは斜辺に対する他の辺の長さの比，タンジェントは斜辺の傾きです。定義をきちんと覚えましょう。

上の式は分母をはらうと，

$$a = r\cos\theta \quad b = r\sin\theta \quad b = a\tan\theta$$

と書けます。つまり，a は斜辺の長さに $\cos\theta$ を，b は斜辺の長さに $\sin\theta$ を掛ければ表せるということです。物理では力の分解などのときに，この式をよく使います。

三角比の値

$$\sin 45° = \frac{1}{\sqrt{2}}, \quad \cos 45° = \frac{1}{\sqrt{2}}, \quad \tan 45° = 1$$

$$\sin 30° = \frac{1}{2}, \quad \cos 30° = \frac{\sqrt{3}}{2}, \quad \tan 30° = \frac{1}{\sqrt{3}}$$

$$\sin 60° = \frac{\sqrt{3}}{2}, \quad \cos 60° = \frac{1}{2}, \quad \tan 60° = \sqrt{3}$$

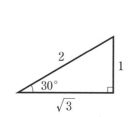

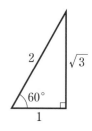

θ	$0°$	$30°$	$45°$	$60°$	$90°$	$120°$	$135°$	$150°$	$180°$
$\sin\theta$	0	$\dfrac{1}{2}$	$\dfrac{1}{\sqrt{2}}$	$\dfrac{\sqrt{3}}{2}$	1	$\dfrac{\sqrt{3}}{2}$	$\dfrac{1}{\sqrt{2}}$	$\dfrac{1}{2}$	0
$\cos\theta$	1	$\dfrac{\sqrt{3}}{2}$	$\dfrac{1}{\sqrt{2}}$	$\dfrac{1}{2}$	0	$-\dfrac{1}{2}$	$-\dfrac{1}{\sqrt{2}}$	$-\dfrac{\sqrt{3}}{2}$	-1
$\tan\theta$	0	$\dfrac{1}{\sqrt{3}}$	1	$\sqrt{3}$		$-\sqrt{3}$	-1	$-\dfrac{1}{\sqrt{3}}$	0

暗記はしなくてもよいですが，頭の中で三角形を思い浮かべて，サッと出せるようにしましょう。なお，物理では $90°$ 未満をよく使います。

相互関係

$$①\cos^2\theta+\sin^2\theta=1 \quad ②\tan\theta=\frac{\sin\theta}{\cos\theta} \quad ③1+\tan^2\theta=\frac{1}{\cos^2\theta}$$

①はサインとコサインの書きかえに，②はタンジェントの書きかえによく使います。

問題

次の三角比の値を答えよ。
（1）$\sin30°$ （2）$\cos45°$ （3）$\tan60°$

解説

ポイント

迷ったら直角三角形を描いて，そつなく出そう！

（1）$\sin30°=\dfrac{1}{2}$

（2）$\cos45°=\dfrac{1}{\sqrt{2}}$

（3）$\tan60°=\sqrt{3}$

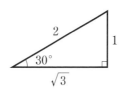

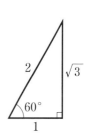

2 ベクトル

ベクトル

定義　向きと大きさをもつ量をベクトルといいます。

性質1

① 相等

向きと大きさが等しいベクトルは，すべて同じものとみなす。

同じベクトルは平行移動で重ね合わせることができる。

② 和

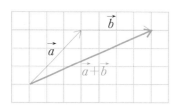　または　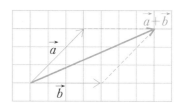

$\vec{a}$ の終点に $\vec{b}$ の始点をつなぎ合わせて，$\vec{a}$ の始点から $\vec{b}$ の終点へまっすぐに引いたベクトルが $\vec{a}+\vec{b}$。「移動 $\vec{a}$ と移動 $\vec{b}$ を連続して行うと，$\vec{a}$ の始点から $\vec{b}$ の終点への移動となる」と考えるとよいです。

または，$\vec{a}$ と $\vec{b}$ が張る平行四辺形の対角線の方向のベクトルが $\vec{a}+\vec{b}$ である。

③スカラー倍

ベクトルに実数 k を掛け算すると，大きさが $|k|$ 倍になる。なお，掛ける数値が負の場合，向きは逆になる。0 を掛けるとゼロベクトル $\vec{0}$ になる。

$k>0$ のとき　　　　　　　　　　　$k<0$ のとき

分　解

　ベクトルは分解もできる。特に物理では，垂直な 2 方向のベクトルへの分解が重要。

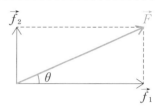

例:重力を斜面に平行な方向と斜面に垂直な方向に分解する。

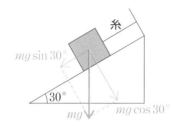

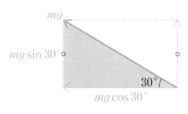

直角三角形（右図）に注目して斜辺に三角比をかけると，

斜面に平行な成分：$mg \sin \theta$　斜面に垂直な成分：$mg \cos \theta$

となる。

性質 2

①$\vec{a}$ の大きさは絶対値記号を用いて $|\vec{a}|$ と書く。

②逆ベクトル $-\vec{a}$ は，$\vec{a}$ と大きさが同じで向きが逆のベクトルを表す。

③ベクトルの「差」は，逆向きのベクトルを足すことで表すことができる。

④ゼロベクトル $\vec{0}$ は点を表す。

🖱 問題

次の図の，物体に加わっている力を合成し，図示せよ。

（1）

（2）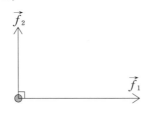

（3）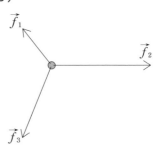

📖 解説

- **ポイント**

ベクトルの和を定義どおりに！

（1） $\vec{f_1}$ と $\vec{f_2}$ は逆向きなので，戻る形になります。実質的に引き算と同じで，合力は
$\vec{f_1}$ よりも小さくなります。

（2） $\vec{f_1}$ と $\vec{f_2}$ が張る平行四辺形は長方形となります。その対角線の方向のベクトルが
答えです。

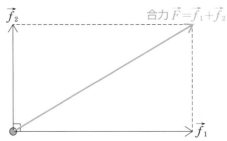

（3）まず $\vec{f_1}$ と $\vec{f_2}$ だけの和をとると下の左図。それと $\vec{f_3}$ との和をとり，右図が答え。

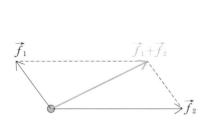
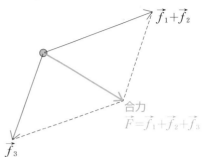

問題

次の力を分解して x 成分と y 成分を求めよ。ただし，$|\vec{F}|=F$ とする。

（1）

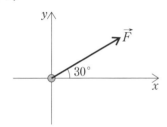

（2）

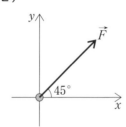

解説

ポイント

直角三角形を描き，サインかコサインを掛ける！

（1）

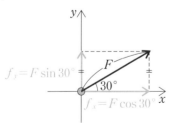

x 成分　$\dfrac{\sqrt{3}}{2}F$

y 成分　$\dfrac{1}{2}F$

（2）

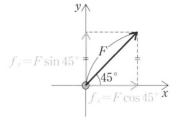

x 成分　$\dfrac{\sqrt{2}}{2}F$

y 成分　$\dfrac{\sqrt{2}}{2}F$

練習問題

1

図は，人の乗っている静止したエレベーターが鉛直上向きに上昇して停止するまでの速度 $v\,[\mathrm{m/s}]$ と時刻 $t\,[\mathrm{s}]$ の関係を，鉛直上向きの速度を正として表したグラフである。重力加速度の大きさは $9.8\,\mathrm{m/s^2}$ とする。

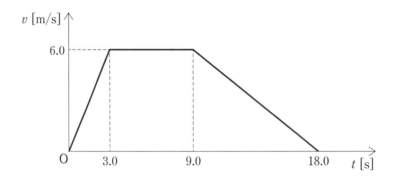

（1）エレベーターが加速しているときの加速度は何 $\mathrm{m/s^2}$ か。ただし，鉛直上向きを正とする。

（2）エレベーターが減速しているときの加速度は何 $\mathrm{m/s^2}$ か。ただし，鉛直上向きを正とする。

（3）このエレベーターが停止するまでに上昇した距離は何 m か。

2019年　畿央大学

📖 **解説**

（1）v-t グラフの傾きが加速度を表すので，求める加速度 a_1 は，$t=0\,\mathrm{s}$ から $t=3.0\,\mathrm{s}$ での傾きを考え，

$$a_1 = \frac{6.0-0}{3.0-0}$$

$$= \underline{2.0\,\mathrm{m/s^2}}$$

（2）減速時，$v\text{-}t$ グラフの傾きは負である。

　　（1）と同様に，求める加速度 a_2 は，$t = 9.0\,\text{s}$ から $t = 18\,\text{s}$ での傾きを考え，

$$a_2 = \frac{0 - 6.0}{18 - 9.0}$$

$$= -\frac{2}{3}$$

$$\fallingdotseq -0.67\,\text{m/s}^2$$

（3）$v\text{-}t$ 図と t 軸ではさまれた台形の面積が，エレベーターが上昇した距離だから，

$$\underbrace{\frac{1}{2} \times 3.0 \times 6.0}_{9.0\,\text{m}} + \underbrace{6.0 \times 6.0}_{36\,\text{m}} + \underbrace{\frac{1}{2} \times 9.0 \times 6.0}_{27\,\text{m}} = \underline{72\,\text{m}}$$

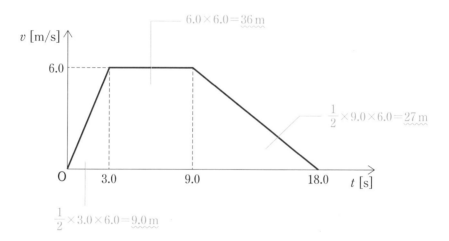

$$v\text{-}t \text{ グラフの傾き} \Rightarrow \text{加速度}$$

$$v\text{-}t \text{ 図の面積} \Rightarrow \text{変位の大きさ}$$

次の問いの答えを，解答群の中から 1 つ選びなさい。

地上から小球を初速度の大きさ $19.6\,\mathrm{m/s}$ で真上に投げ上げた。重力加速度の大きさを $9.8\,\mathrm{m/s^2}$ とする。

（1）小球が最高点に達するまでの時間 [s] はいくらか。

（2）小球が到達する地上からの最高点の高さ [m] はいくらか。

（3）小球が地上から $14.7\,\mathrm{m}$ の高さを落下しながら通過するのは，投げ上げてから何秒後か。

（4）小球が地上に落下するのは，投げ上げてから何秒後か。

（5）地上に落下する直前の小球の速さは何 $\mathrm{m/s}$ か。

解答群

① 1.0　　② 2.0　　③ 3.0　　④ 4.0　　⑤ 5.0　　⑥ 6.0

⑦ 10　　⑧ 20　　⑨ 30　　⓪ 40

2019 年　奥羽大学

📖 **解説**

$g=9.8$ とおくと，初速度の大きさ v_0 は $19.6 = 2g$ と表せます。こうすることで，計算が楽になります。

（1）求める時間を $t_1\,[\mathrm{s}]$ として，$v=v_0+at$ より，

$$0 = v_0 - g t_1$$

$$t_1 = \frac{v_0}{g} = \frac{2g}{g} = \underline{2.0\,\mathrm{s}} \quad \cdots 選択肢②$$

（2）求める高さを $h\,[\mathrm{m}]$ として，$x=v_0 t + \dfrac{1}{2}at^2$ より，

$$h = v_0 t_1 - \frac{1}{2}g t_1{}^2 = 2g \times 2.0 - \frac{1}{2}g \times 2.0^2 = 2g$$

$$= 2 \times 9.8 = 19.6 \fallingdotseq \underline{20\,\mathrm{m}} \quad \cdots 選択肢⑧$$

別解 $v^2 - v_0{}^2 = 2ax$ より,

$$0^2 - v_0{}^2 = 2(-g)h$$

$$h = \frac{v_0{}^2}{2g} = \frac{(2g)^2}{2g} = 2g = 19.6 \fallingdotseq \underline{20\,\text{m}}$$

（3） $14.7 = \dfrac{3}{2}g$ と表せる。

求める時間を $t_2\,[\text{s}]$ として,

$x = v_0 t + \dfrac{1}{2}at^2$ より,

$$\frac{3}{2}g = 2gt_2 - \frac{1}{2}gt_2{}^2$$

$$\frac{3}{2} = 2t_2 - \frac{1}{2}t_2{}^2$$

$$t_2{}^2 - 4t_2 + 3 = 0$$

$$(t_2 - 1)(t_2 - 3) = 0$$

よって, $t_2 = 1.0\,\text{s}$ または $3.0\,\text{s}$

$t_2 = 1.0\,\text{s}$ は上昇中に $14.7\,\text{m}$ を通過する

ときの時刻だから, 落下時は,

$t_2 = \underline{3.0\,\text{s}}$ …選択肢③

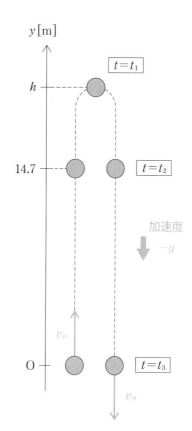

（4）求める時間を $t_3\,[\text{s}]$ として,

$x = v_0 t + \dfrac{1}{2}at^2$ より,

$$0 = v_0 t_3 - \frac{1}{2}gt_3{}^2$$

$$0 = 2gt_3 - \frac{1}{2}gt_3{}^2$$

$$t_3(t_3 - 4) = 0$$

$t_3 > 0$ ゆえ, $t_3 = \underline{4.0\,\text{s}}$ …選択肢④

別解 放物運動の対称性より, $t_3 = 2t_1 = 2 \times 2.0 = \underline{4.0\,\text{s}}$

（5）放物運動の対称性より, 下向きに $19.6\,\text{m/s} \fallingdotseq \underline{20\,\text{m/s}}$ …選択肢⑧

練習問題

1

　図に示すとおり，水平な天井に質量の無視できる伸び縮みしない長さ L の糸が取り付けられている。糸の先端には質量 m の物体が取り付けられ，その物体にはばね定数 k の質量の無視できるばねが取り付けられている。ばねを静かに引いたところ，図のようにばねが天井と平行になった状態で静止した。このとき，糸と鉛直方向とのなす角は θ であった。重力加速度の大きさを g とする。

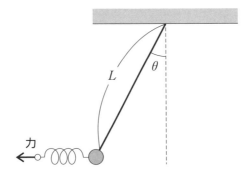

（1）図の状態のとき，糸の張力の大きさを求めよ。

（2）図の状態のとき，ばねの自然の長さからの伸びを求めよ。

（3）図の物体を，質量が 3 倍の物体に変えて，同じばねで角度 θ で静止させた場合，ばねの自然の長さからの伸びは（2）のときの何倍となるか。

2012 年　駒澤大学（改）

💭 解説

（1）糸の張力の大きさを T，ばねの自然の長さからの伸びを x とする。力を図示すると次ページの図のようになる。力のつりあいより，

$$水平方向：mg = T\cos\theta \quad \cdots ①$$
$$鉛直方向：kx = T\sin\theta \quad \cdots ②$$

①より，

$$T = \frac{mg}{\cos\theta} \quad \cdots ③$$

（2）③を①へ代入して，$kx = \dfrac{mg}{\cos\theta} \times \sin\theta$

よって，$x = \dfrac{mg\tan\theta}{k}$

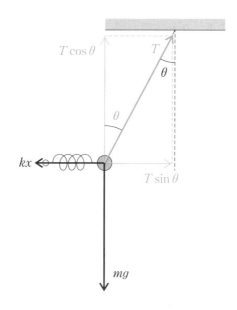

（3）物体の質量以外の条件は変わらないので，全てをゼロから調べなおす必要はありま
せん。

（2）の結果で $m \to 3m$ として，

ばねの自然の長さからの伸び x' は，

$$x' = \frac{3mg\tan\theta}{k} = 3 \times \frac{mg\tan\theta}{k}$$

となるので，（2）のときの 3倍

2

図のように，質量 m の物体 A をあらい水平な机の上に置き，軽い糸でなめらかに回転できる滑車を通して，質量 M の物体 B をつり下げる。床から物体 B の下面までの高さを h とするとき，以下の問いに答えよ。ただし，糸は伸び縮みせず，質量は無視できるものとする。なお，重力加速度の大きさを g とする。

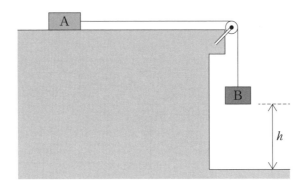

（1）M を増やしていくと，$M = \dfrac{3}{4}m$ のとき，A と B は動き出した。机の面と物体 A との間の静止摩擦係数 μ_0 を求めよ。

以下，$M = 2m$，机の面と物体 A との動摩擦係数を $\mu = \dfrac{1}{3}$ とする。

（2）A と B が運動しているとき，A に作用する動摩擦力の大きさを求めよ。

（3）（2）のとき，B が降下するときの加速度の大きさ a と糸の引く力の大きさ T を求めよ。

（4）（2）の運動において，A の初速度を 0 とするとき，B が床に達する直前の速さ v_B を求めよ。

2013 年　鳥取大学（改）

解説

（1）A にはたらく静止摩擦力を R，張力を T，垂直抗力を N とすると，力のつりあいより，

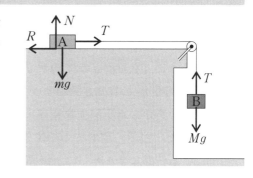

A　水平方向：$R = T$　…①

　　鉛直方向：$N = mg$　…②

B：$T = Mg$　…③

①と③より，静止しているときの摩擦力の大きさは $R = Mg$　…④

である。$M = \dfrac{3}{4} m$ のときに A はすべり出すので，この瞬間 $R = \mu_0 N$ が成立。

この条件式に②と④を代入して，

$$\frac{3}{4} mg = \mu_0 mg \quad \text{よって，} \quad \mu_0 = \underline{\frac{3}{4}}$$

（2）②代入

$$R' = \mu N = \underline{\frac{1}{3} mg}$$

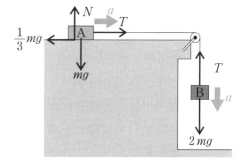

（3）運動方程式は，

$$A : ma = T - \frac{1}{3} mg \quad \text{…⑤}$$

$$B : 2ma = 2mg - T \quad \text{…⑥}$$

⑤ + ⑥より，

$$(m + 2m)a = 2mg - \frac{1}{3} mg \quad \text{よって，} \quad a = \underline{\frac{5}{9} g}$$

これを⑤へ代入して，

$$m \times \frac{5}{9} g = T - \frac{1}{3} mg \quad \text{よって，} \quad T = \frac{5}{9} mg + \frac{1}{3} mg = \underline{\frac{8}{9} mg}$$

（4）$v^2 - v_0{}^2 = 2ax$ より，

$$v_{\text{B}}{}^2 - 0^2 = 2\left(\frac{5}{9} g\right)h \quad \text{よって，} \quad v_{\text{B}} = \sqrt{\frac{10}{9} gh} = \underline{\frac{\sqrt{10gh}}{3}}$$

練習問題

1

　図のように，水平面となす角が θ のなめらかな斜面上で水平面からの高さが h の A 点を，質量 m の物体が速さ v ですべり始めた。その後，この物体は B 点から C 点までなめらかな水平面上を進み，C 点からはあらい水平面上を距離 s 進んで D 点で静止した。以下の問いについて答えよ。ただし，重力加速度の大きさは g とし，重力による位置エネルギーの基準面は B 点から D 点を含む水平面とする。また，斜面と水平面は十分になめらかに接続されている。

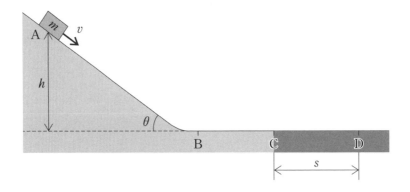

（1）物体がなめらかな斜面をすべり下りているときの加速度の大きさを答えよ。

（2）物体が A 点からすべり始めたときの力学的エネルギーを答えよ。

（3）物体が B 点を通過するときの速さを答えよ。

（4）物体が D 点で静止するまでに，物体とあらい水平面の間の動摩擦力がする仕事を答えよ。

（5）物体とあらい水平面の間の動摩擦係数を答えよ。

2019 年　九州産業大学

解説

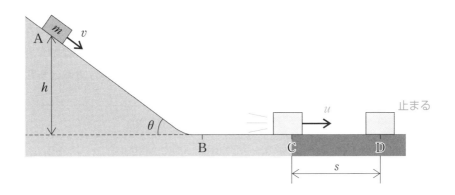

（1）斜面に平行な方向の運動方程式は，$ma = mg\sin\theta$

　　よって加速度は，$a = g\sin\theta$

（2）初め A 点においてもっていた力学的エネルギーは，

$$\frac{1}{2}mv^2 + mgh$$

（3）求める速さを u とすると，力学的エネルギー保存の法則より，

$$\frac{1}{2}mv^2 + mgh = \frac{1}{2}mu^2$$

　　よって，$u = \sqrt{v^2 + 2gh}$

（4）もっていた力学的エネルギーをすべて，動摩擦力の仕事により失ったので，

$$\frac{1}{2}mv^2 + mgh$$

（5）鉛直方向の力のつり合いより垂直抗力の
　　大きさは $N = mg$ で，動摩擦力の大き
　　さは μmg となる。
　　仕事とエネルギーの関係より，

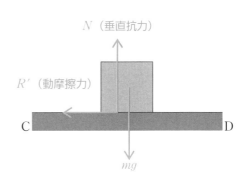

$$\underbrace{\frac{1}{2}mv^2 + mgh}_{\text{失ったエネルギー}} = \underbrace{\mu mgs}_{\substack{\text{動摩擦力}\\\text{による仕事}}}$$

　　よって，$\mu = \dfrac{v^2}{2gs} + \dfrac{h}{s}$

ばね定数 k のばねの一端を壁に固定し，他端に質量 m の物体 A を取り付け，摩擦のない水平面上に置いた。さらに，物体 A を質量 $2m$ の物体 B と糸でつなぎ，これらを一直線上に配置した。図のように，物体 B を少し引っ張り，ばねが自然長から l だけ伸びたところで物体 B を固定した。ただし，ばねと糸の質量は無視できるものとする。

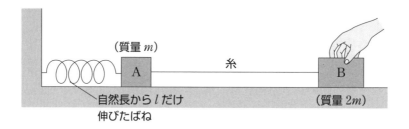

（1）物体 B を固定していた手を静かにはなした直後における物体 A の加速度の大きさはいくらか。正しいものを，次の①〜⑤のうちから 1 つ選べ。

① $\dfrac{kl}{3m}$ ② $\dfrac{kl}{2m}$ ③ $\dfrac{kl}{m}$ ④ $\dfrac{2kl}{m}$ ⑤ $\dfrac{3kl}{m}$

（2）手をはなしてから糸の張力の大きさが 0 になるまでの間，張力の大きさは，ばねが物体 A を引く力の大きさの何倍か。正しいものを，次の①〜⑦のうちから 1 つ選べ。

① $\dfrac{1}{3}$ ② $\dfrac{1}{2}$ ③ $\dfrac{2}{3}$ ④ 1

⑤ $\dfrac{3}{2}$ ⑥ 2 ⑦ 3

（3）ばねが自然長に達したとき糸の張力の大きさが 0 になり，その後糸がたるんだ。ばねは自然長からさらにどれだけ縮むか。正しいものを，次の①〜⑤のうちから 1 つ選べ。ただし，ばねが最も縮むまでに，物体 A と物体 B は衝突しないものとする。

① 0 ② $\dfrac{1}{\sqrt{3}}l$ ③ $\dfrac{1}{\sqrt{2}}l$ ④ $\sqrt{\dfrac{2}{3}}l$ ⑤ l

2003 年 センター試験

解説

（1）加速度を a として，運動方程式は，

A：$ma = kl - T$　…Ⓐ　　B：$2ma = T$　…Ⓑ

Ⓐ ＋ Ⓑより，

$$3ma = kl \quad a = \frac{kl}{3m} \quad \text{…選択肢①}$$

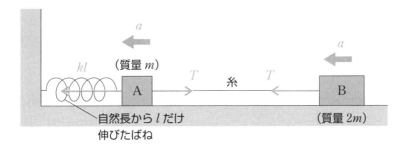

（2）$a = \dfrac{kl}{3m}$ をⒷへ代入して

$$T = 2m \cdot \frac{kl}{3m} = \frac{2}{3}kl$$

よって，$T = \dfrac{2}{3}kl$　…選択肢③

（3）自然長の位置を通過する瞬間の A と B の速さ v は，力学的エネルギー保存の法則より，

$$\frac{1}{2}(m + 2m)v^2 = \frac{1}{2}kl^2 \quad \text{よって，} \quad v^2 = \frac{kl^2}{3m}$$

ばねが最も縮んだときの自然長からの縮みを x として，糸がたるんだ後の，A の力学的エネルギー保存の法則より

$$\frac{1}{2}mv^2 = \frac{1}{2}kx^2$$

v^2 を代入

$$\therefore \quad x^2 = \frac{m}{k}v^2 = \frac{m}{k} \times \frac{kl^2}{3m} = \frac{l^2}{3}$$

よって，$x = \dfrac{l}{\sqrt{3}}$　…選択肢②

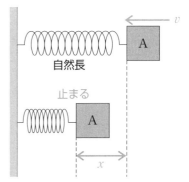

練習問題

1

　ビーカーに20℃の水500gが入っており，これを400Wの電熱器を用いて加熱する。水の比熱は4.0 J/(g·K)，ビーカーの熱容量はないとして，次の各問いに答えよ。

（1）電熱器が10s間で発生する熱量はいくらか。
（2）水の熱容量はいくらか。
（3）20℃の水すべてを60℃の水にするため，必要な熱量を求めよ。
（4）20℃の水すべてを60℃の水にするため，加熱に要する時間を求めよ。

2011年　岩手医科大学

解説

（1）1Wは「1sあたり1J」だから，400Wでは「1sあたり400J」の熱量を発生するということ。よって10sではその10倍で，

$$400 \times 10 = 4000$$
$$= \underline{4.0 \times 10^3 \text{ J}}$$

（2）$\underset{\text{比熱}}{4.0} \times \underset{\text{質量}}{500} = 2000$
$$= \underline{2.0 \times 10^3 \text{ J/K}} \quad \leftarrow \boxed{C = mc}$$

（3）$\underset{\text{熱容量}}{2000} \times \underset{\text{温度変化}}{(60 - 20)} = 2000 \times 40$
$$= 80000$$
$$= \underline{8.0 \times 10^4 \text{ J}} \quad \leftarrow \boxed{Q = C\Delta T}$$

（4）1sあたり400Jのヒーターを使っているので，

$$80000 \div 400 = 200$$
$$= \underline{2.0 \times 10^2 \text{ s}}$$

2

以下の文章中の空欄 ア ， イ に当てはまる最も適切な数値を有効数字 2 桁で答えよ。

毎秒 $5.0\,\mathrm{g}$ のガソリンを消費して，毎秒 $6.3 \times 10^4\,\mathrm{J}$ の仕事をするエンジンがある。以下の問いに答えよ。ただし，ガソリン $1.0\,\mathrm{g}$ の燃焼熱を $1.0 \times 10^4\,\mathrm{cal}$，$1.0\,\mathrm{cal}$ を $4.2\,\mathrm{J}$ とする。

このエンジンの熱効率は ア ％となり，仕事として使われた分の熱量はおよそ イ g のガソリンの燃焼熱に相当する。

2012 年　中京大学

解説

$1.0\,\mathrm{cal}$ は $4.2\,\mathrm{J}$ なので，ガソリン $1.0\,\mathrm{g}$ の燃焼熱は，

$$10 \times 10^4\,\mathrm{cal} = 1.0 \times 10^4 \times 4.2$$
$$= 4.2 \times 10^4\,\mathrm{J}$$

このエンジンは $5.0\,\mathrm{g}$ のガソリンを消費して，$6.3 \times 10^4\,\mathrm{J}$ の仕事をするので，ガソリン $1.0\,\mathrm{g}$ あたりの仕事は，

$$6.3 \times 10^4 \div 5.0 = 1.26 \times 10^4\,\mathrm{J}$$

となる。

ア：ガソリン $1.0\,\mathrm{g}$ あたりを考えると，燃焼熱 $4.2 \times 10^4\,\mathrm{J}$ のうち $1.26 \times 10^4\,\mathrm{J}$ が仕事になるので，熱効率は，

$$\frac{1.26 \times 10^4}{4.2 \times 10^4}$$

$$= \frac{1.26}{4.2}$$

$$= \frac{126}{420}$$

分子・分母に100 を掛ける

$$= \frac{3}{10} = 0.30$$

よって，30 ％

イ：30 ％ゆえ，$5.0\,\mathrm{g} \times 0.30 = 1.5\,\mathrm{g}$

残りの $3.5\,\mathrm{g}$ 分の熱量は，外に捨て，無駄になった分の熱量に相当する。

3

それぞれ異なる物質でできた同じ質量の3つの物体 A，B，C がある。これらを順番に加熱装置に入れてそれぞれの物体の温度変化を測定した結果が，図に示されている。3つの物体は，いずれも固体から温められて液体になった。この加熱装置が単位時間あたり物体に与えた熱エネルギーは一定であったとして，次の問いに答えよ。

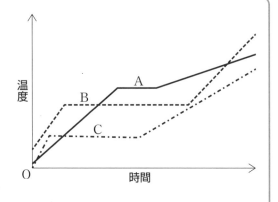

（1）A について固体の比熱と液体の比熱を比較すると，どちらの方が大きいか。

（2）A，B，C を，以下の量の大きい（または高い）順に左から並べよ。

（ア）融点（ゆうてん）　　（イ）液体の比熱　　（ウ）固体の比熱　　（エ）融解熱（ゆうかいねつ）

2017 年　愛知学院大学

📖 **解説**

各グラフのうち，中央の平らな区間が融解しているところを表し，その左側が固体，右側が液体の状態を表している。

（1）グラフの傾きが大きい　⇒　温まりやすい
　　　⇒少ない熱量ですぐに温度が上がる　⇒　比熱が小さい
　　　ということだから，A について，グラフの傾きを見ると，

　　　固体のときの傾き　＞　液体のときの傾き

　　　となっている。よって，比熱が大きいのは液体。

（2）

（ア）下図の青線のところが融解している区間なので，融点はその高さを見比べればよい。

　　よって，A，B，C

（イ）液体の状態はグラフの右側のところであり，その傾きが小さい方が比熱が大きい。

　　液体の比熱は，A，C，B

（ウ）固体の状態はグラフの左側のところであり，その傾きが小さい方が比熱が大きい。

　　固体の比熱は，A，B，C

（エ）下図の青線のところが融解している区間なので，この区間が長い方が融解に時間が
かかる。すなわち，融解熱が大きい。

　　よって，B，C，A

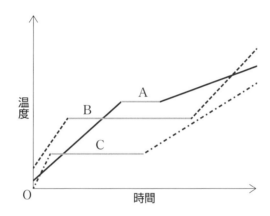

練習問題

1

次の問いの □ に当てはまる最も適当なものを解答群から1つずつ選べ。ただし，同じ番号を繰り返し利用しても良い。

次の図は，x の正向き（右向き）に進む波を表したものである。実線はこの波のある瞬間における波形を示している。破線はその 0.10 秒後の波を示しており，波の山 P が P′ まで移動している。

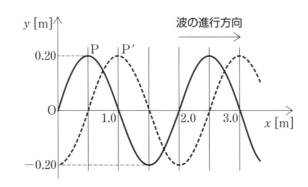

（1）この波の振幅と周期はいくらになるか。

振幅：□ ア □ m，周期：□ イ □ Hz

① 0.10　② 0.20　③ 0.30　④ 0.40　⑤ 0.50

⑥ 0.60　⑦ 0.80　⑧ 1.0　⑨ 2.5　⓪ 4.0

（2）この波の波長と速度はいくらになるか。

波長：□ ウ □ m，速度：□ エ □ m/s

① 1.0　② 2.0　③ 3.0　④ 4.0　⑤ 5.0

⑥ 6.0　⑦ 8.0　⑧ 10.0　⑨ 20.0　⓪ 30.0

（3）この波の山Pが $x=7.5\,\mathrm{m}$ に到達するまでにかかる時間は何秒か。　オ　s

① 0.50　② 0.70　③ 0.75　④ 0.90　⑤ 1.2

⑥ 1.4　⑦ 1.5　⑧ 1.8　⑨ 2.0　⓪ 5.0

2018 年　奥羽大学

📖 解説

（1）ア：グラフより，振幅は 0.20 m　…選択肢②

　　イ：点Pの位置に注目すると，この波は $0.10\,\mathrm{s}$ で $\frac{1}{4}$ 波長進むので，1 波長進むた

　　めにかかる時間，すなわち周期は

　　　　$0.10\times4=0.40\,\mathrm{s}$　…選択肢④

（2）ウ：グラフより，波長は 2.0 m　…選択肢②

　　エ：$0.10\,\mathrm{s}$ で $0.50\,\mathrm{m}$ 進むので，速度は

$$v=\frac{0.50}{0.10}$$

$$=5.0\,\mathrm{m/s}\quad\text{…選択肢⑤}$$

（3）オ：$t=\dfrac{7.5-0.50}{5.0}$　←　P の移動距離　　←　速さ

$$=1.4\,\mathrm{s}\quad\text{…選択肢⑥}$$

x軸上を同じ速さで互いに逆向きに進んでいる2つの波（a），（b）を考える。下図は，時刻 $t=0$ s および 0.50 s における波形を表す。また，2つの波の進む向きをそれぞれ矢印で示している。

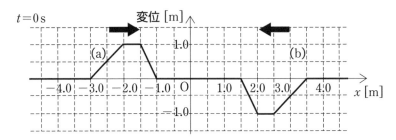

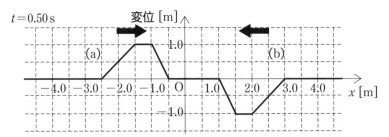

（1）波（a），（b）の速さは何 m/s か。最も適当な数値を，次の①～⑥のうちから1つ選べ。

① 0.25　　② 0.50　　③ 1.0　　④ 2.5　　⑤ 5.0　　⑥ 10

（2）x軸の原点（$x=0$）における変位の時間変化を表したグラフとして最も適当なものを，次の①～⑥のうちから1つ選べ。

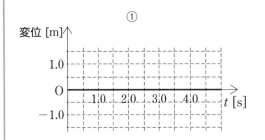

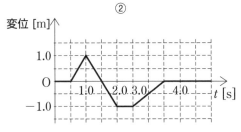

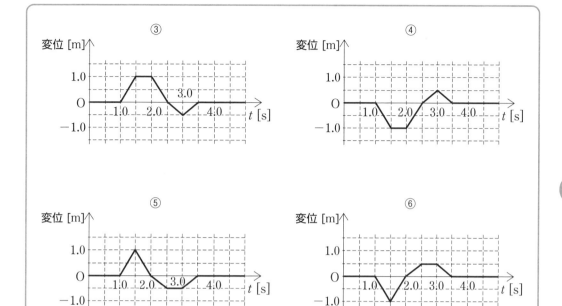

2020年　センター試験

解説

（1）0.50 s で 1 マス ＝0.50 m 進むので，

$$v = \frac{0.50}{0.50} = 1.0\,\text{m/s} \quad \cdots 選択肢③$$

（2）0.50 s ごとの波（a）（b）の位置を書いて調べると，各時刻 t における波（a），波（b），合成波の変位は次の表のようになる。

時刻 t	0	0.5	1	1.5	2	2.5	3	3.5	4
波（a）	0	0	0	1.0	1.0	0.50	0	0	0
波（b）	0	0	0	0	−1.0	−1.0	−0.50	0	0
合成波の変位	0	0	0	1	0	−0.50	−0.50	0	0

　　　　…選択肢⑤

練習問題

1

図1に示すように長さ L（$<1.5\,\mathrm{m}$）のガラス管を水平に置き，その中にピストンPを挿入し，開口部(かいこうぶ)Aの前面で一定の振動数(しんどうすう)のおんさを振動させる。音の速さを $340\,[\mathrm{m/s}]$ とし，開口端補正(かいこうたんほせい)は無視する。

（1）PをAからBに向けてゆっくりと移動したところ，Aからピストンの左端までの距離が $0.25\,[\mathrm{m}]$ のところで最初の共鳴(きょうめい)が起こった。おんさの振動数 $f\,[\mathrm{Hz}]$ を求めよ。

（2）Pをさらに右に移動したところ，Aからピストンの左端までがある距離になったときに次の共鳴が起こった。その位置はAから何 $[\mathrm{m}]$ のところか。

（3）Pをさらに右に移動したところ，ピストンの左端がBの位置に来るまでずっと共鳴は起こらなかった。そこで，Pをガラス管から取り外したところ（図2）ちょうど共鳴が起こった。長さ L は何 $[\mathrm{m}]$ か。

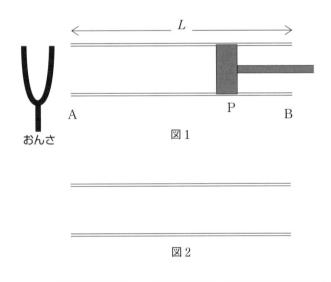

図1

図2

◎ 解説

（1）1回目の共鳴時のようすは次ページの図（a）のようになる。したがって，

$$\frac{\lambda}{4}=0.25$$

より波長(はちょう)は，

$$\lambda = 4 \times 0.25$$
$$\quad = 1.0\,\text{m}$$
$$f = \frac{v}{\lambda}$$
$$\quad = \frac{340}{1.0}$$
$$\quad = \underline{3.4 \times 10^2\,\text{Hz}}$$

（2）(d) のような位置では共鳴せず，定在波の節の位置にピストンの左端が来たときだけ共鳴する。よって，2回目の共鳴時のようすは図 (b) のようになる。よって，ピストンの左端の位置は

$$0.25 \times 3 = \underline{0.75\,\text{m}}$$

（3）図 (c) のようになるので，$L = \underline{1.0\,\text{m}}$

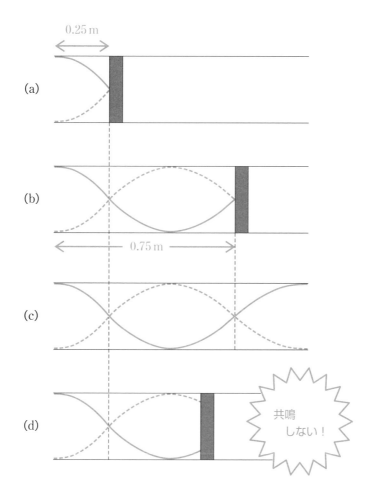

（右側縦書き）第3部 波 — 第2章 音波

図に示すように，振動数 $f = 5.0 \times 10^2\,[\mathrm{Hz}]$ のおんさの腕を水平にして，片方の腕の先端 C に線密度 $\rho = 4.9 \times 10^{-4}\,[\mathrm{kg/m}]$ の弦を固定した。弦の先端には滑車 D を介しておもりをつるし，弦を水平に張った。おもりの質量が $m\,[\mathrm{kg}]$ のとき，弦を伝わる波の速さは $v = \sqrt{\dfrac{mg}{\rho}}$ と表せる。重力加速度の大きさを $g = 9.8\,[\mathrm{m/s^2}]$ として以下の問いに答えよ。

（1）弦を伝わる横波の速さが $4.0 \times 10^2\,[\mathrm{m/s}]$ であった。おもりの質量を求めよ。

（2）（1）の条件でおんさを振動させたところ，CD 間に基本振動の定在波が生じた。このときの CD 間の長さ $L\,[\mathrm{m}]$ はいくらか。

（3）CD 間に腹が 2 つある定在波を生じさせるためには，おもりの質量をいくらにすればよいか。

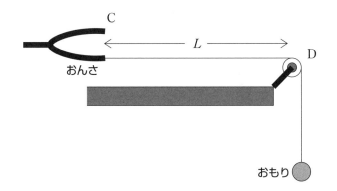

C

$\xleftarrow{\hspace{2.5cm}} L \xrightarrow{\hspace{2.5cm}}$

D

おんさ

おもり

📖 解説

（1）$v = \sqrt{\dfrac{mg}{\rho}}$ に数値を代入して，

$$4.0 \times 10^2 = \sqrt{\frac{m \times 9.8\,2}{4.9 \times 10^{-4}}} \quad \xleftarrow{\quad} \boxed{4.9\ \text{で約分}}$$

両辺を 2 乗して，

$$(4.0 \times 10^2)^2 = 2m \times 10^4$$
$$16 \times 10^4 = 2m \times 10^4 \quad \longleftarrow \boxed{両辺を\ 10^4\ で割る}$$

よって，$m = \underline{8.0\,\mathrm{kg}}$

（2）$v = f\lambda$ より，波長は，

$$\lambda = \frac{v}{f} = \frac{4.0 \times 10^2}{5.0 \times 10^2} = 0.80\,\mathrm{m}$$

下の図 (a) より，基本振動のときは $L = \dfrac{\lambda}{2}$ だから，弦の長さは，

$$L = \frac{\lambda}{2} = \underline{0.40\,\mathrm{m}}$$

（3）図 (b) より，$L = \dfrac{\lambda'}{2} \times 2$ なので，波長は $\lambda' = 0.40\,\mathrm{m}$

$v = f\lambda$ より，このときの弦を伝わる横波の速さは，

$$v' = f\lambda' = 5.0 \times 10^2 \times 0.40 = 2.0 \times 10^2\,[\mathrm{m/s}] = \frac{1}{2}v$$

新しいおもりの質量を $m'\,[\mathrm{kg}]$ とすると，

$v = \sqrt{\dfrac{mg}{\rho}}$ と表せるので，

$$\sqrt{\frac{m'g}{\rho}} = \frac{1}{2} \times \sqrt{\frac{mg}{\rho}}$$

$$m' = \frac{1}{4}m = \underline{2.0\,\mathrm{kg}}$$

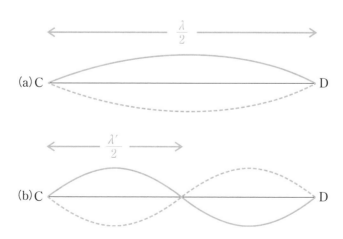

練習問題

1

電気抵抗について考える。

（1）抵抗値 10 Ω と 30 Ω の 2 つの抵抗を，下図 (a) および (b) のように接続し，直流電源で 10 V の電圧を加えた。それぞれの回路において，30 Ω の抵抗に流れる電流 I_1 と I_2 の値の組み合わせとして最も適当なものを，下の①〜⑨のうちから 1 つ選べ。

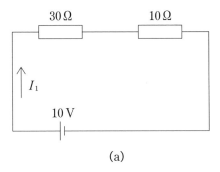

(a)

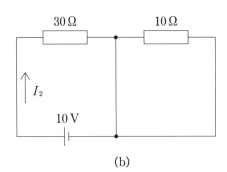

(b)

	I_1[A]	I_2[A]
①	0.25	0.25
②	0.25	0.33
③	0.25	1.3
④	0.33	0.25
⑤	0.33	0.33
⑥	0.33	1.3
⑦	1.3	0.25
⑧	1.3	0.33
⑨	1.3	1.3

（2）次ページの図の回路において，200 Ω の抵抗に 10 mA の電流が流れている。このとき，100 Ω の抵抗を流れる電流は　ア　mA であり，抵抗 R の抵抗値は　イ　Ω である。

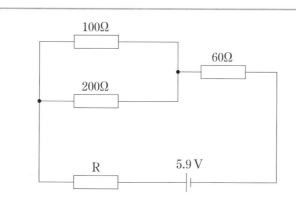

アの解答群

① 5　　② 10　　③ 15　　④ 20　　⑤ 25　　⑥ 30

イの解答群

① 50　　② 60　　③ 70　　④ 80　　⑤ 90　　⑥ 100

2020年　東京都市大学

📖 解説

（1）図（a）：30 Ω の抵抗と 10 Ω の抵抗を直列合成して，

$$I_1 = \frac{10}{30+10} = \frac{1}{4} = \underline{0.25\,\text{A}}$$

図（b）：点 P の電位を 0 V（基準）として，回路図に電位を書き込むと，右の図のようになる。回路内の同じ色のところは等電位（同じ高さ）である。これをみると，10 Ω の抵抗の両端の電位はともに 0 V。すなわち，10 Ω の抵抗にかかる電圧は 0 V ゆえ，この抵抗には電流は流れない。

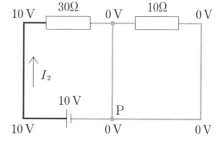

一方，30 Ω の抵抗には 10 V の電圧がかかるので，

$$I_2 = \frac{10}{30} = \frac{1}{3} \fallingdotseq \underline{0.33\,\text{A}}$$

以上より，選択肢②

（2）ア：200 Ω の抵抗の電圧は，

$$200\,\Omega \times 10\,\mathrm{mA} = 200\,\Omega \times \frac{10}{1000}[\mathrm{A}] = 2.0\,\mathrm{V}$$

$$\boxed{1\,\mathrm{mA} = \frac{1}{1000}[\mathrm{A}]}$$

並列なので，100 Ω の抵抗にも 2.0 V の電圧が加わり，その電流は，

$$\frac{2.0\,\mathrm{V}}{100\,\Omega} = \frac{20}{1000} = \underline{20\,\mathrm{mA}} \quad \cdots 選択肢④$$

イ：2 つの電流の和をとって，60 Ω の抵抗に流れる電流は，

$$10\,\mathrm{mA} + 20\,\mathrm{mA} = 30\,\mathrm{mA}$$

であり，60 Ω の抵抗に加わる電圧は，

$$60\Omega \times \frac{30}{1000}[\mathrm{A}] = 1.8\,\mathrm{V}$$

よって，抵抗 R に加わる電圧は，

$$5.9 - (2.0 + 1.8) = 2.1\,\mathrm{V}$$

であり，流れる電流は 30 mA であっ
たから，抵抗値は，

$$R = \frac{2.1\,\mathrm{V}}{30\,\mathrm{mA}} = \frac{2.1}{\frac{30}{1000}} = \frac{210}{3}$$

$$= \underline{70\,\Omega} \quad \cdots 選択肢③$$

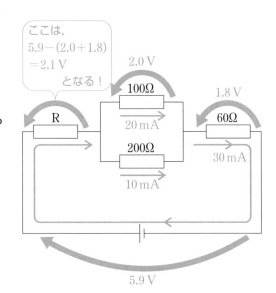

ここは，
5.9 − (2.0 + 1.8)
= 2.1 V
となる！

2

抵抗値 6.0 Ω と 2.6 Ω の抵抗，抵抗値が未知の抵抗 X を図 1 のように接続すると，AB 間の合成抵抗は 5.0 Ω となった。

（1）AB 間に加える電圧 $V[\mathrm{V}]$ を変えて AB 間を流れる電流 $I[\mathrm{A}]$ を測定して図示するとき，$I - V$ グラフはどうなるか。答えとして正しいものを図 2 に示す直線 ①〜⑩ の中から 1 つ選べ。

（2）抵抗 X の抵抗値は何 Ω か。

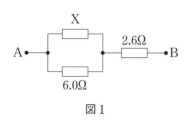

図1

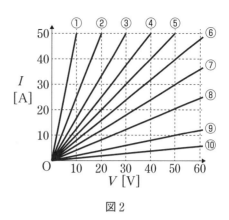

図2

2020年　神奈川工科大学

🔲 解説

（1）合成抵抗が $5.0\,\Omega$ なので，オームの法則より，

$$I = \frac{V}{5.0}\,[\mathrm{A}]$$

となる。そこで，ためしに $V = 50\,[\mathrm{V}]$ とすると，

$$I = \frac{50}{5.0} = 10\,[\mathrm{A}]$$

となるので，グラフは右図の青い点を通るとわかる。よって，⑨

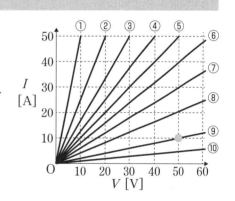

（2）求める抵抗値を $X\,[\Omega]$ とし，並列部分を合成すると，

$$\left(\frac{1}{6} + \frac{1}{X}\right)^{-1} = \frac{6X}{X+6}$$

よって，AB間の合成抵抗について式を立てると，

$$\frac{6X}{X+6} + 2.6 = 5.0$$

$$\frac{6X}{X+6} = 2.4 \quad \longleftarrow \boxed{両辺を6で割る}$$

$$X = \underline{4.0\,\Omega}$$

練習問題

以下の空欄をうめよ。ただし，時間の単位は [s]，周波数（しゅうはすう）の単位は [Hz]，電圧の単位は [V]，電流の単位は [A] を使うものとする。

　乾電池を電源として用いた場合，乾電池から得られる電流の向きは一定である。このような電流を（　①　）という。一方，家庭用のコンセントを電源として用いた場合，コンセントから得られる電流の向きや大きさは周期的に変化している。ある向きに流れる電流を正の値，その逆向きに流れる電流を負の値で表すと，電流の周期的変化は図1のようなグラフで表される。このような電流を（　②　）という。グラフ中に示した時間 T[s] の間の電流変化が 1 s 間に繰り返す回数 f を周波数といい，f は T を用いて $f =$（　③　）と表される。$T = 0.020$ s の場合について f の値を求めてみると，$f =$（　④　）となる。

　図2のように，共通の鉄心に巻数が異なる2つのコイルを巻いた装置を（　⑤　）という。（　②　）の電気は（　⑤　）によって容易に電圧を変えることができる。コイルを貫く磁力線（じりょくせん）の数が変化すると，コイルに電圧が発生して電流が流れる現象を（　⑥　）というが，（　⑤　）はこの現象を利用している。（　⑤　）の一次コイルに周期的に変化する電流を流すと，鉄心内部に変動する磁場（磁界）（じば）（じかい）が発生する。この磁場は二次コイルも貫くため，二次コイルに変動する電圧が発生する。

　図2の（　⑤　）において，一次コイルの巻数を N_1，加える電圧を V_1，流れる電流の大きさを I_1，二次コイルの巻数を N_2，発生する電圧を V_2，流れる電流の大きさを I_2 とする。このとき，V_2 は N_1，N_2，V_1 を用いて $V_2 =$（　⑦　）と表される。

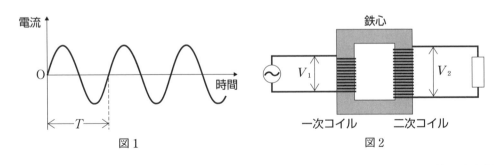

図1　　　　　　　　　　　　　　　図2

2017 年　北海道医療大学

解説

① 直流

② 交流

③ 周期と周波数は逆数の関係ゆえ，$f = \dfrac{1}{T}$

④ $f = \dfrac{1}{T}$

$= \dfrac{1}{0.020}$

$= \dfrac{1}{0.020} \times \dfrac{50}{50}$

$= \dfrac{50}{1.00}$ ← 分子・分母に 50 をかける

$= 50\,\mathrm{Hz}$

⑤ 変圧器

⑥ 電磁誘導

⑦ 電圧は，巻数の比で決まるので，

$V_1 : V_2 = N_1 : N_2$ より，

$V_2 = \dfrac{N_2}{N_1} V_1$

参考 理想的な変圧器を考える場合

変圧の前後でのエネルギー損失を防ぎたいので，

$$I_1 V_1 = I_2 V_2$$

が成立する。

これを用いると，I_1 と I_2 は，

$$I_2 = \dfrac{V_1}{V_2} I_1 = \dfrac{N_1}{N_2} I_1$$

という関係をもつことがわかる。

練習問題

図は，エネルギーの変換の例を示している。

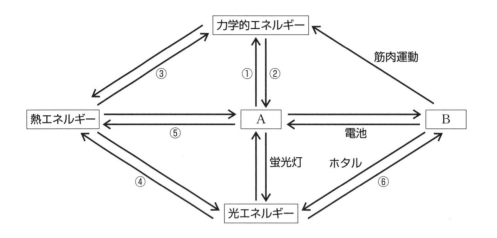

（1）A，B に当てはまるエネルギーをそれぞれ答えよ。

（2）①〜⑥の矢印で示したエネルギー変換を行う装置や現象を利用しているものとして適切なものを次の選択肢から答えよ。

選択肢：発電機　　温水器　　ドライヤー　　モーター　　蒸気機関　　光合成

2018 年　金沢医科大学

解説

（1）A…電気エネルギー　　B…化学エネルギー
（2）①…モーター　　②…発電機　　③…蒸気機関　　④…温水器
　　⑤…ドライヤー　　⑥…光合成

意味つき索引

<ruby>索引<rt>さくいん</rt></ruby>

MEMO

MEMO

MEMO

MEMO

MEMO

MEMO

著者紹介

中野　喜允（なかの・よしまさ）

◉──リクルート「スタディサプリ」講師。河合塾講師。早稲田大学理工学部物理学科卒。

◉──早稲田大学在学中、素粒子論や時空の解析などの話題に魅せられる。早稲田大学卒業後は大学院に進む。しかし、大学1年生から、塾で大学受験生に数学・物理などを指導し、教える楽しさを実感していたため、予備校講師業に専念することを決意して中退。2010年から河合塾講師、2013年からスタディサプリ講師を務める。

◉──「わかりやすさが売りものの価値」がモットー。そのモットー通りの、「何が大切か」というポイントがおさえられる授業を展開。初学者から難関大志望の受験生まで、「わかりやすい！」と、幅広い支持を集める。

◉──問題の解き方だけでなく、理論の応用例や現象なども雑談を交えつつ進められる授業は、解き方のポイントが身につくだけではなく、物理を身近に感じることができると大好評。少しでも物理を「おもしろい」「興味深い」と思ってもらえるよう、日々奮闘中。

◉──授業のみならず、テキスト・問題作成などでも幅広く活躍中。座右の銘は、「おもしろき こともなき世を おもしろく」。

◉──おもな著書に、『中野喜允の 1冊読むだけで物理の基本&解法が面白いほど身につく本』『微分積分で読み解く高校物理』（いずれも、KADOKAWA）がある。

高校の物理基礎が1冊でしっかりわかる本

2023年9月20日　　第1刷発行

著　者──中野　喜允
発行者──齊藤　龍男
発行所──株式会社かんき出版
　　　　　東京都千代田区麹町4-1-4 西脇ビル　〒102-0083
　　　　　電話　営業部：03(3262)8011㈹　編集部：03(3262)8012㈹
　　　　　FAX　03(3234)4421　　　　　　振替　00100-2-62304
　　　　　https://kanki-pub.co.jp/
印刷所──大日本印刷株式会社